Berühmte

Automobilfirmen

Berühmte

Automobilfirmen

BENGT ASON HOLM

# MORGAN

Motor buch Verlag

H158PAB

**Bildnachweis**

Cover Graham Harrison. Seiten 3-5 Bengt Ason Holm, 12-13 National Motor Museum, 14-15 Morgan Motors, 16-23 National Motor Museum, 24-25 Peter Roberts/Neill Bruce Collection, 26 National Motor Museum, 28 The Motor Cycle, 29 Peter Roberts/Neill Bruce Collection, 30-33 National Motor Museum, 34-36 Peter Roberts/Neill Bruce Collection, 37-49 National Motor Museum, 50-53 Neill Bruce, 57-119 Bengt Ason Holm, 120-121 National Motor Museum, 122-123 Bengt Ason Holm.


Die Originalausgabe ist erschienen unter dem Titel
Famous Car Factories – Morgan

Die Übertragung ins Deutsche besorgte Ingolf Jungclaus

ISBN 3-613-01410-6

1. Auflage 1991

Ein Unternehmen der Paul Pietsch-Verlage GmbH & Co.

Printed in Denmark

# Inhalt

Einleitung 9

Wie alles anfing 10

Morgan heute 56

# Einleitung

Die Morgan Motors Company Limited ist eine der ungewöhnlichsten Firmen der Welt. Aber nicht eine der bekanntesten, denn Millionen von Menschen haben noch nicht einmal ihren Namen gehört.

Sagt einer Rolls-Royce, denkt jeder gleich an den »besten Wagen der Welt«. Sagt man Ferrari, seufzen sie »der schnellste Wagen der Welt«. Und vom Porsche sind alle überzeugt, denn er kommt ja aus Deutschland.

Aber die Firma Morgan ist lebende Geschichte mit einer einzigartigen handwerklichen Tradition, die bis ins Jahr 1909 zurückgeht. Ihre Erzeugnisse sind das, was man oft genug als »die letzten der wirklich reinen Sportwagen« bezeichnet hat. Da fragt man sich, wie kann ein sensibler Mensch heutzutage mit einem Mangel an Komfort und moderner Formgebung fertig werden?! Also, Morgan-Enthusiasten werden mit allem fertig. Sie warten sogar bis zu acht Jahren auf die Lieferung eines Autos, dessen Grundkonstruktion auf die dreißiger Jahre zurückgeht. Aber schließlich, was bedeuten Komfort und Styling heute wirklich?

Das schrieb jedenfalls THE AUTOCAR noch Anfang der Fünfziger Jahre: »Man muß sich eben daran gewöhnen, von jedem Schlagloch durchgeschüttelt zu werden, und zwar so, wie noch kurz vor dem Kriege, nämlich daß man es nicht unfreundlich kommentiert.« Und noch heute scheinen einige Automobil-Zeitschriften nicht zu wissen, was zum Beispiel die Morgans an Leistung und reinem Fahrvergnügen bieten. Denn das gehört ja zum Morgan-Image, und die Leute kommen seit Jahren von weit her zur Morgan-Fabrik, um mit eigenen Augen zu sehen, wie diese großartigen Wagen hergestellt werden.

Ihnen ist mein Buch gewidmet, ebenso wie all jenen, die unglücklicherweise keine Möglichkeit zu einem Besuch haben.

Ich besitze keinen Morgan, und doch hat mir die Arbeit an diesen Buch ganz große Freude gemacht. Es war allerdings nicht meine Absicht, eine vollständige Firmengeschichte zu schreiben. Auch wollte ich nicht in allen Einzelheiten schildern, wie sie hergestellt werden. Trotzdem hoffe ich, daß Text und Bilder zusammen dem Morgan-Mythos gerecht werden.

Mein herzlicher Dank gilt Peter und Charles Morgan, die mir diese Arbeit ermöglichten. Ich erinnere mich aber auch gern all der ebenso freundlichen wie erfahrenen Menschen, denen ich in der Fabrik begegnet bin. Denn ohne sie gäbe es heute keine Morgans.

Bengt Ason Holm
Göteborg, April 1990

# Wie alles anfing

In der Automobilgeschichte gibt es eine Fülle von Namen einfallsreicher und bemerkenswerter Menschen, aber die meisten von ihnen sind von der Bühne abgetreten, ohne in den Annalen oder Lexika erwähnt zu werden. Ausnahmen sind Karl Benz, Henry Ford, Ettore Bugatti, W.O. Bentley und Herbert Austin. Zu ihnen gehört auch Henry Frederick Stanley Morgan.

Morgan-Enthusiasten kennen ihn als H.F.S. Er wurde 1884 in Stoke Lacey in der Grafschaft Hertfordshire geboren. Sein Vater war der Reverend H.G. Morgan, ein Mann, der in der frühen Morgan-Geschichte ebenfalls eine Rolle spielte.

## Künstler oder Ingenieur?

H.F.S. besuchte das Marlborough College in Stone House, Broadstairs, und das Chrystal Palace Technikum. Offenbar war er sehr talentiert, nicht nur in der Technik, sondern auch in den Künsten. Morgan-Fans mögen dem Himmel dafür danken, daß er sich nicht für die Kunst als Hauptberuf entschied. Vielleicht wäre er ein großer Künstler geworden, aber dann hätte er keine Chance gehabt, in diesem Buch zu erscheinen.

Als er 18 war, ging er zu den Great Western Railway Works nach Swindon. Er wurde Lehrling und war bald einer der Favoriten von Chefingenieur William Dean. Übrigens gab es dort noch andere später berühmt gewordene Lehrlinge, nämlich Henry Royce und W.O. Bentley.

Nach sieben Jahren verließ H.F.S. das Eisenbahnwerk. William Dean versuchte mit allen Mitteln, ihn zum Bleiben zu überreden. Aber H.F.S. war entschlossen zu gehen. Er wollte unbedingt eine Garage in Malvern Link eröffnen. Daneben übernahm er die örtliche Vertretung von Wolseley und Darracq, betrieb erfolgreich eine Bus-Linie zwischen Malvern Link und Wells und später zwischen Malvern und Gloucester.

MORGAN

## Der erste Morgan wird geboren

1908 kaufte er einen Peugeot Zweizylinder-Motor mit sieben PS. Damit wollte er ein Motorrad bauen. Aber aus irgendwelchen Gründen (vielleicht liebte er Fahrräder) machte er ein Dreirad daraus. Eine weise Entscheidung, aus heutiger Sicht.

Der Peugeot-Motor wurde in einen sehr leichten Rohrrahmen gesetzt. Es ist vielleicht ganz witzig, wenn man weiß, daß rund zehn Jahre später der andere Ex-Lehrling von Great Western Railway Works, W.O. Bentley, einen Wagen konstruierte, der fast die Dimensionen einer Lokomotive hatte. H.F.S. wählte den entgegengesetzten Weg. Und beide waren äußerst erfolgreich.

Der erste Morgan wurde in der Werkstatt des Malvern College gebaut. Dort hatte H.F.S. eine Hilfe in Stephenson-Peach, einem Sohn des berühmten Pioniers aus der Zeit der Dampflokomotiven, George Stephenson. In dieser Werkstatt gab es alles, was man für eine solche Konstruktion brauchte, und 1909 war der Wagen fertig.

*Dieses Bild zeigt vermutlich H.F.S. Morgan mit dem ersten Prototyp, den er auf dem Malvern College baute. Es ist so ähnlich wie eine Aufnahme, die auch aus dem Jahre 1909 stammt, sie zeigt Mr. Stephenson-Peach am Lenker. Dieser Dreiradwagen hat eine Seitenverkleidung, einen einfachen Gepäckträger, und die Schalldämpfer liegen parallel nach vorn. Der Abzug, wahrscheinlich sogar das Duplikat eines Duplikats, stammt etwa aus dem Jahre 1910.*

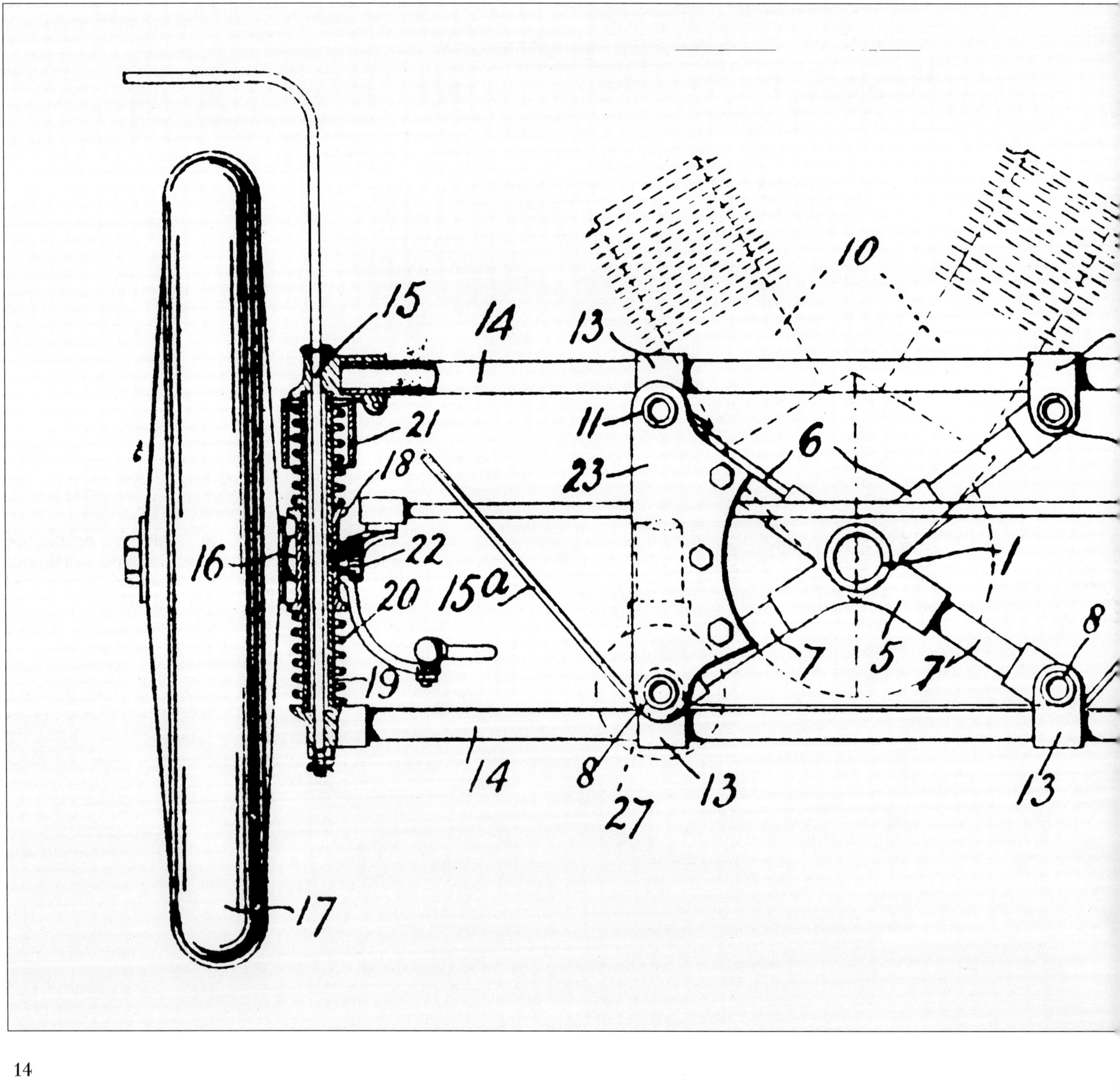

15
14
13
10
5
11
21
18
6
23
16
22
1
15a
20
5
7
7
8
19
8
14
13
13
27
17

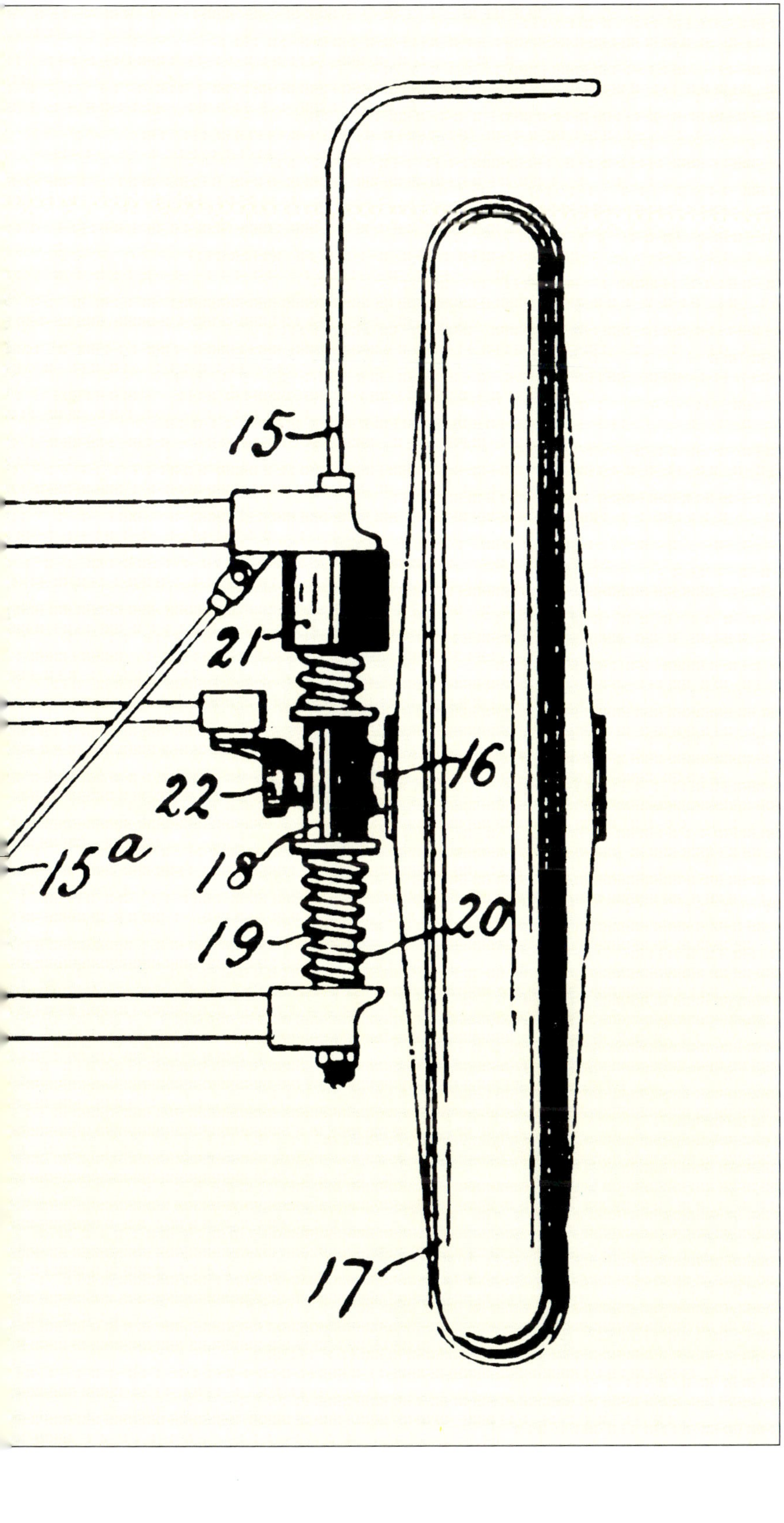


## Die berühmte Vorderrad-Aufhängung

Der erste Morgan war sehr klein und leicht. Von Karosserie konnte man noch nicht sprechen, und er hatte auch nur einen kleinen Notsitz. Der Tank lag zwischen Fahrer und Motor, gelenkt wurde mit einem Hebel an der rechten Seite. Aber das Verblüffendste daran war die unabhängige Vorderradaufhängung (siehe Abbildung) – vermutlich eine der ersten überhaupt. Der Franzose Sizaire-Naudin hat möglicherweise eine solche Konstruktion bereits 1908 erprobt, aber seine Wagen waren 1921 bereits vergessen, während es die Morgans immer noch gibt. Außerdem haben sie immer noch die gleiche Aufhängung. Soviel zum Kapitel Fortschritt…

*Diese Zeichnung ist Teil der ursprünglichen Patentschrift. Sie zeigt die berühmte Vorderradaufhängung. Ihre Konstruktion ist über all die Jahre hinweg im Prinzip die gleiche geblieben. Welches andere Automobilwerk könnte von sich behaupten, es baue die gleiche Radaufhängung seit 1908? Heute wird das System in allen Morgans verwendet, einschließlich dem Plus 8 – und der hat immerhin eine 200-PS-Maschine und beschleunigt schneller als der Testarossa.*
*Das System hat eine vertikale Schraubenfeder auf einem gleitenden Achsbolzen und ähnelt der Aufhängung des Lancia Lambda. Aber es ist doch auf keinen Fall eine Kopie.*

## Drängende Freunde und ein verständnisvoller Vater

H.F.S. war sich vielleicht nicht ganz bewußt, was er da eigentlich gemacht hatte, denn die Kunde von seinem kleinen Dreiradauto machte rasch die Runde. Seine Freunde bedrängten ihn, sie wollten auch solch ein Gefährt haben, und an eine solche Möglichkeit hatte H.F.S. überhaupt nicht gedacht. Er wollte jedenfalls kein Geschäft daraus machen. Was er da zusammengebastelt hatte, war sein Hobby, nichts weiter.

Aber das Drängen hörte nicht auf, und so entschloß er sich 1910, in die Fabrikation zu gehen. Sein Vater, der immer freundlich Anteil nahm, lieh ihm 3000 Pfund, und so wurde die Morgan Company Ltd. gegründet. Die Summe reichte damals, um ein Haus zu kaufen sowie Werkzeug und Material. Einiges Kapital kam auch herein durch Vorauszahlungen auf bestellte Morgans.

So fing es also an. Und man kann froh sein, daß noch kein Ende abzusehen ist. Im Gegenteil, das Geschäft blüht wie nie zuvor.

*Dies ist vermutlich der originale Dreiradwagen, wie er 1910 auf der Olympia-Motor-Cycle-Show gezeigt wurde. Der Motor ist ein JAP V-Twin mit 8 PS. Rechts vom Sitz befindet sich die Lenkstange. Links liegen die Getriebeschaltung, der Bremshebel und die Gasschaltung.*

## Ausstellungen und Rennen

Ende 1910 brachte H.F.S. zwei seiner Gefährte auf die Olympia-Motor-Cycle-Show. Sie waren ausgerüstet mit einer 961cm³ JAP V2 Maschine, die später viele englische Motorräder berühmt machte. Das Echo im Publikum war mäßig, und H.F.S. verstand auch warum. Er mußte einen Zweisitzer bauen, denn der Einsitzer war zu sportlich für die Leute. Er ging also nach Malvern Link zurück, und 1911 war bereits der erste Zweisitzer fertig.

Inzwischen kamen die Bestellungen herein. Bei dieser Gelegenheit sollte man vielleicht erwähnen, daß einer der ersten Vertretungen für die motorisierten Dreiräder eine gewisse Gesellschaft im Londoner Knightsbridge war. Sie hieß Harrods und ist heute ein weltbekanntes Kaufhaus.

Aber wenn man wirklich Aufsehen erregen wollte, dann brauchte man die Teilnahme an Rennveranstaltungen. Ende 1913 gewannen Morgans schon Gelände- und Erprobungsfahrten sowie Grand Prix-Rennen für Motorwagen. In Brooklands brachen sie den Geschwindigkeitsrekord mit fast 100 km/h. Erfolg war also das richtige Wort dafür, und alle wichtigen Motor-Magazine brachten Schlagzeilen. Damals kostete der billigste Morgan-Zweisitzer 85 Guineas, der »Bullnose« Morris Oxford, also die Bullennase, war über doppelt so teuer, nämlich 175 Guineas (und ein Pfund war nur einen Schilling weniger wert als eine Guinea).

*Oben und rechts: Der Rekordlauf 1912 in Brooklands, mit H.F.S. im »Cockpit«. Unter den Zuschauern sind auch Reverend H. G. Morgan (mit Zylinder) und der Zeitnehmer A.V. Ebblewhite. In einer Stunde wurden rund 91 Kilometer zurückgelegt.*
*Das Bild oben ist das Titelbild von »The Cyclecar« vom 4. Dezember. Rechts eine interessante, leider etwas verschwommene Aufnahme von der Brookland-Bahn.*

*Dies Foto zeigt die Fahrgestelle in der Worcester Road. Die alte Fabrik wurde 1919 aufgegeben. Auf den hölzernen Gestellen sieht man weit mehr Fahrgestelle als heute, und hier wird auch die ebenso einfache wie wirksame Konstruktion der Fahrgestelle deutlich.*
*Sie sind aus Stahlrohren zusammengesetzt und werden durch den Tunnel für die Antriebsachse verstärkt. Am hinteren Ende befindet sich das Getriebe-Gehäuse; die Aufhängung der Hinterräder wurde provisorisch am Achstunnel befestigt. Die Fahrgestelle in der rechten Reihe sind bereits hinten mit den elliptischen Federn ausgerüstet. In der Mitte steht H.F.S. Morgan.*

*Die Teilnahme an allen möglichen Wettbewerben gehörte von Anfang an zur Strategie von H.F.S. Er war überzeugt, daß Siege auf den Rennpisten ein besseres Geschäft ermöglichten. Und er hatte recht. Seine Siege trieben die Verkaufszahlen in die Höhe.*
*Einer der bedeutendsten Erfolge in den frühen Tagen war W.G. McMinnies Sieg 1913 im französischen Grand Prix für Kleinstautos, die von den Franzosen »Voiturettes« genannt wurden. Diese Klasse wurde in Frankreich geschaffen, nachdem die Franzosen es satt hatten, dauernd von den deutschen und italienischen Superwagen mit ihren Riesenmotoren geschlagen zu werden.*
*McMinnie kam als erster an, 2 Minuten und 45 Sekunden vor Bourbeau in einem Bédélia. Die englischen Zeitschriften überschlugen sich vor Begeisterung. Hier ein Ausschnitt aus der »Pall Mall Gazette«: »Niemand, der sich nicht auf den französischen Rennpisten auskennt, kann sich vorstellen, was es für die ausländischen Teilnehmer bedeutet, die französischen Asse auf ihrem eigenen Feld schlagen zu wollen. Nicht daß die Franzosen unfair wären, aber sie haben eben eine Vorgabe gegenüber den anderen, weil sie gewohnt sind, auf ihren Straßen mit Volldampf zu fahren. Wo sie auch sind, immer rasen sie mit Höchstgeschwindigkeit durch die Gegend, denn sie wollen von allen bewundert werden.«*

*Am Lenkrad sitzt hier McMinnie, und der Beifahrer ist der Mechaniker Frank Thomas, der den »Jabberwock« hergerichtet hatte.*
*Dieses Foto wurde in »The Motor Cycling Magazine« veröffentlicht.*

The Cyclecar
4

## Krieg bedeutete Absatz

Als der Erste Weltkrieg ausbrach, produzierte Morgan Motors fast 1000 Fahrzeuge im Jahr und machte einen Gewinn von über 10000 Guineas. Drei verschiedene Typen von Grand Prix-Einsitzern sowie Zweisitzer für den normalen Straßenverkehr wurden gebaut.

Der Krieg heizte das Geschäft an, denn die Regierung bestellte größere Mengen Munition. H.F.S. war zwar so etwas wie ein Pazifist, aber er konnte diesen Aufträgen nicht entgehen. Außerdem brachten sie gutes Geld, wenn auch für einen fürchterlichen Zweck.

So hielten die Regierungsaufträge Morgan während des Krieges über Wasser, und einige wenige Fahrzeuge wurden produziert. Man hatte sogar die Zeit, 1915 den Prototyp eines Vierradfahrzeuges herzustellen. Dieser Typ, so phantastisch

*Aus der ersten Morgan-Produktion: Ein Zweisitzer von 1913 mit dem luftgekühlten 954 cm³ JAP-Motor. Das Getriebe hatte zwei Vorwärtsgänge, aber keinen Rückwärtsgang. Der Schalthebel saß vor dem Hinterrad. Die Spitzengeschwindigkeit lag bei 72 km/h, und der Preis betrug damals etwa 90 Pfund.*

es klingt, wurde vor wenigen Jahren wiederentdeckt. Aber in Produktion ging er nie, und es dauerte 22 Jahre, bevor ein echtes Vierradfahrzeug die Fabrik verließ.

Als der Krieg vorüber war, kam die Autoproduktion rasch wieder in Schwung, und schon 1919 war es soweit, die Fabrik zu verlegen. Das Werksgelände in der Worcester Road war nicht groß genug, um die ständig wachsende Nachfrage nach kleinen und billigen Fahrzeugen decken zu können.

## Pickersleigh Road

Ende 1919 war die neue Fabrik bereits fertig, und im Frühjahr 1923 befand sich die gesamte Produktion mit Ausnahme der Motorenwerkstatt in der neuen Adresse: Pickersleigh Road. Dort ist die Fabrik heute noch. Und am Rande bemerkt: 1919 wurden 20 Fahrzeuge pro Woche hergestellt, heute sind es nur 9!

Der Gesellschaft ging es sehr gut, und H.F.S. brauchte für die neue Betriebsstätte kein Geld aufzunehmen. Es kam alles aus seinen eigenen Überschüssen. Da blieb noch genug übrig für einen Rolls-Royce und ein neues Haus. Henry Frederick Stanley Morgan begann, die Früchte seiner Arbeit zu ernten.

Jährlich kamen damals 2500 Wagen aus der Fabrik. Zusätzlich wurden zwischen 1920 und 1930 in Frankreich Morgans in Lizenz hergestellt, und zwar von einem Vertreter namens Darmont in Courbevoie. Der Darmont war ebenfalls auf Geländefahrten sehr erfolgreich. Ende 1924 belief sich die Produktion auf insgesamt 40 000 Wagen beiderseits des Kanals.

*Links eine alte Aufnahme, vermutlich um 1920, von der Fahrgestell-Werkstatt in der Pickersleigh Road. Die Dachkonstruktion sieht man auch weiter hinten im Buch auf den Fotos aus der neueren Zeit. Rechts ein Darmont, der französische Lizenzbau des Morgan.*

Make it a
"Morgan Holiday"
Why stay at home and envy your friends who get out every holiday, every week-end? You can get away to the seaside too—as inexpensively, as comfortably, as surely, as satisfactorily—by Morgan. The Morgan Runabout costs much less than a car, yet gives the same performance. Its tax is only £4, its petrol consumption 50 m p.g., its speed 60 m.p.h., there are only three tyres to maintain, and the Morgan is simple to handle, easy to understand.

*Diese Anzeige aus der Zeitschrift »Motor-Cycle« zeigt das Familien-Modell von 1926. Es kostete 116 Pfund, und das Bild läßt deutlich erkennen, daß Morgan damit kein sportliches Image anstrebte. Ganz unten ist das Standard-Modell zu sehen, es kostete 95 Pfund. Wenn man die beiden Bilder vergleicht, sieht man den Größenunterschied. Der Künstler hat die Größe des Familienwagens noch betont, indem er die Fahrerin besonders klein darstellte.*

## Verschiedene Modelle

Mitte 1920 gab es bereits mehrere Modelle. Das billigste war der Standard, der erste serienmäßige Viersitzer. Als nächstes der Familienwagen, den man mit einem wassergekühlten JAP-Motor haben konnte. Und dann für die Grand Prix der Aero, mit Blackburn-Maschine, und der Super Sport Aero.

Später wurde der Aero mit drei verschiedenen Maschinen angeboten: dem 980 $cm^3$ seitengesteuerten JAP, einem 1078 $cm^3$ Anzani mit obenliegender Nockenwelle und einem ebenfalls kopfgesteuerten JAP mit 1096 $cm^3$, der immerhin rund 115 km/h Spitze lief. Das Super Sport-Modell war das schnellste. Es schaffte knapp 130 km/h.

4

## Dunkle Wolken am Horizont

In der Zeit zwischen 1920 und 1935 gab es vier ernste Krisen für die Morgan Company. Die erste kam, als der Nachkriegsboom abflaute. Die Einführung des Austin Seven brachte die zweite mit sich. Eine dritte Gefahr war dann der Beginn der großen Weltwirtschaftskrise am Ende des Jahrzehnts. Und 1935 kam dann noch die Reform der Steuergesetze.

1923 ging der Nachkriegs-Aufschwung zu Ende, und eine ganze Reihe kleiner Hersteller von Motorfahrzeugen kämpften um ihr Leben. Richtig ernst wurde es dann, als Herbert Austin 1923 seinen kleinen Austin Seven mit der Absicht einführte, all den Millionen eine Motorisierung zu ermöglichen, die so lange auf ein kleines und billiges Autos warten mußten, mit dem sie ihre ganze Familie auf halbwegs anständige Art transportieren konnten. Der Austin Seven schlug ein. Er wurde begeistert aufgenommen. 1923 konnte man in der Zeitschrift THE LIGHT CAR lesen: »Ein ordentli-

*Rennen gehörten dazu, um die Morgans gut verkaufen zu können. Dieses Bild entstand etwa um 1922–24. Es zeigt D. Hawkes in seinem Rekordwagen mit der Anzani-Maschine. Er hatte keine Vorderradbremsen, und der Durchmesser des Auspuffs ohne Schalldämpfer ist beachtlich. Der Motor muß einen fürchterlichen Krach gemacht haben.*

cher Wagen für einen Mann, der sich im Augenblick nur ein Motorrad mit Beiwagen leisten kann und der doch nichts sehnlicher wünscht, als ein richtiger Autofahrer zu sein.« Das konnte allerdings zu einer echten Gefahr für die Morgan Company werden!

Und was unternahm H.F.S., um mit dieser Herausforderung fertig zu werden? Sicher, er ging mit den Preisen herunter. Aber noch wichtiger, er kürzte die Produktionsrate, um den Lagerbestand an nicht verkauften Wagen zu reduzieren. Das erwies sich als eine sehr vernünftige Entscheidung, die gut zu seiner Absicht paßte, ein ganz besonderes Fahrzeug zu bauen. Auf diese Weise fand er seine Marktlücke und schuf das Morgan-Image.

Am Ende der zwanziger Jahre brach die Weltwirtschaftskrise über Amerika und Europa herein, und viele Automobilproduzenten mußten aufgeben. Unter den bekannteren war auch W.O. Bentley, der an Rolls-Royce verkaufte.

## Die Konkurrenz der frühen Jahre

Von allen Gefahren, die der Morgan Company in den zwanziger und dreißiger Jahren drohten, war eine besonders groß: Zum ersten Mal gab es für Morgan eine Konkurrenz. Als erste kam B.S.A. mit einem vergleichbaren Dreiradfahrzeug heraus. 1929 brachte die Firma ein Zweizylinder-Modell auf den Markt, dem 1933 ein Vierzylinder folgte. Allerdings mußte B.S.A. 1936 die Produktion der Dreiradwagen einstellen.

Was war schiefgegangen? Nun ja, es ist grundsätzlich nicht leicht, in die Fußstapfen eines anderen zu treten. Und die Dreiräder von B.S.A. hatten einen Nachteil, sie waren zu kompliziert für ihre Kunden. Bis 1940 wurden noch Vierradautos hergestellt, aber nach dem Kriege gab man die Produktion ganz auf. Zu Beginn der sechziger Jahre machte die Motorradfabrik Versuche mit einem Dreiradfahrzeug, das sie Ladybird nannte. Aber es kam nichts dabei heraus.

Der nächste größere Herausforderer war Raleigh aus Nottingham. 1933 brachte diese Firma einen Viersitzer mit drei Rädern und einer 742 $cm^3$ Vierzylinder-Maschine auf den Markt. Er hatte ein Getriebe mit Dreigangschaltung und eine Antriebswelle. Das Modell wurde Safety Seven genannt und bis 1935 gebaut. Die Gesamtproduktion betrug 1000 Fahrzeuge.

*Rechts zwei Rivalen aus der Dreirad-Produktion von Morgan in den dreißiger Jahren, ein B.S.A. (unten) und ein Raleigh (oben). Den B.S.A. gab es in zwei Versionen: Ein 1100 $cm^3$ Zweizylinder-Modell für 100 Pfund und ein 1075 $cm^3$ Vierzylinder mit wassergekühltem Motor, der 125 Pfund kostete. Beide Modelle hatten Frontantrieb. Die Produktion wurde 1933 aufgenommen und lief 1936 aus.*

KX
7902

*Der Morgan Super Sport von 1928 mit der Blackburn-Maschine in der Renn-Ausstattung, wie er 1929 in Brooklands zum Einsatz kam. Die Serien-Produktion hatte einen 1096 cm³ JAP-Motor mit 40 PS und ein Dreigang-Getriebe. Spitzengeschwindigkeit knapp 130 km/h. Der Preis betrug 1930 145 Pfund.*

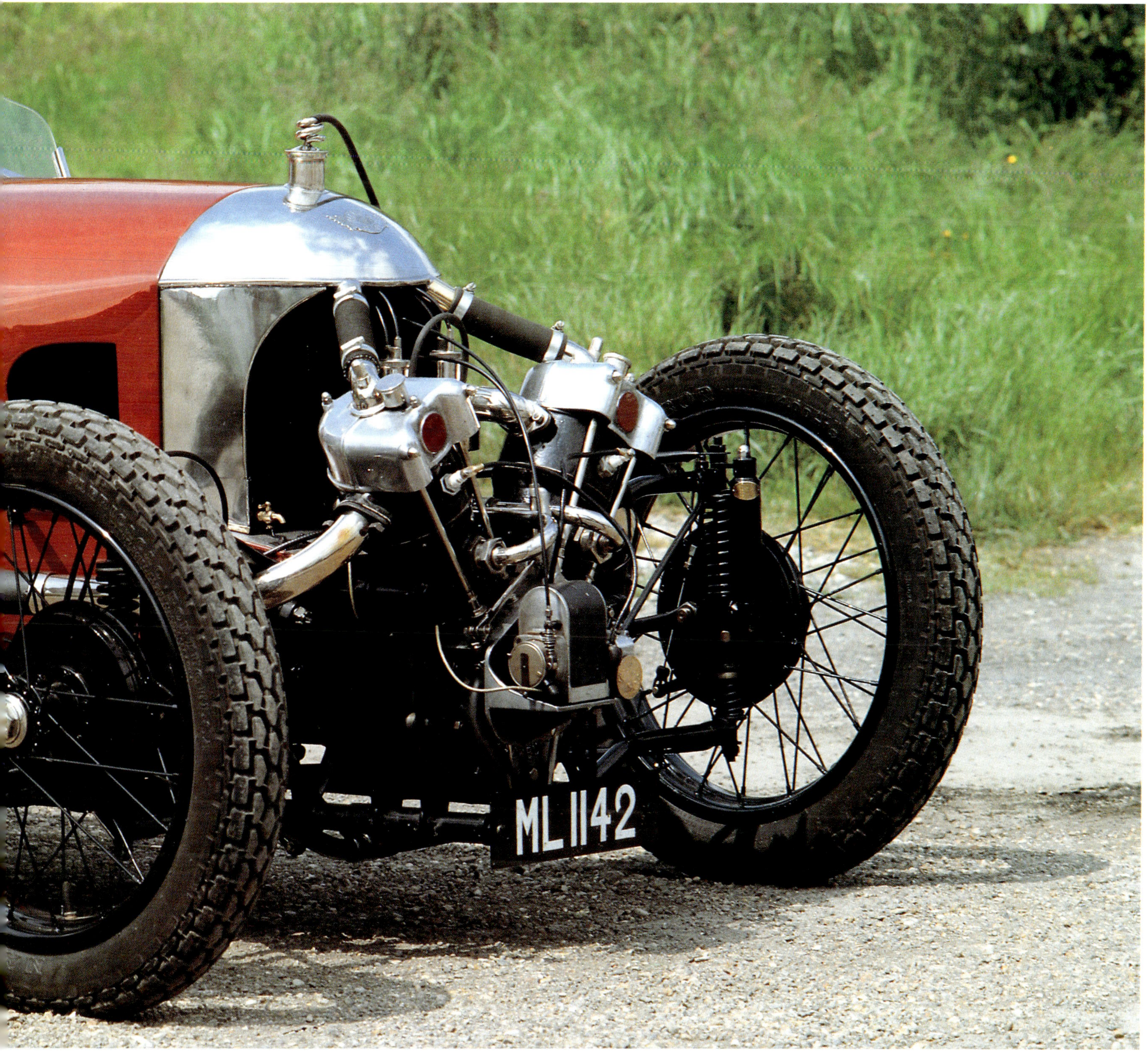
ML1142

## Der erste Vierradwagen

Um die Mitte der dreißiger Jahre stellte sich heraus, daß die Dreiradfahrzeuge technisch gesehen nicht mehr weiterzuentwickeln waren. Das letzte Modell, als F bezeichnet, hatte einen Vierzylinder-Motor mit 1172 $cm^3$ Hubraum, einen konventionellen Rahmen mit Z-förmigen Seitenträgern, Dreigang-Getriebe und einen elektrischen Anlasser. Was hätte man sonst noch tun sollen? Jedenfalls waren die Verkaufszahlen alarmierend. 1934 wurden 659 Morgans abgesetzt, und Ende 1936 verließen nur 137 die Fabrik. Henry Frederick Stanley Morgan mußte sich also etwas einfallen lassen. Und das tat er auch. Zu jedermanns Überraschung kündigte er einen Wagen mit vier Rädern an. Nicht auf der Olympia-Motor-Show, sondern die Zeitschriften »The Light Car« und »Cyclecar« brachten die Neuigkeit in dicken Überschriften. So wurde der Morgan 4–4 geboren.

Während der Prototyp noch mit der Ford-Ten-Maschine ausgerüstet wurde, die das Dreiradfahrzeug hatte, bekam das Serienmodell den 1112 $cm^3$ Coventry-Climax »ioe« (mit stehenden und hängenden Ventilen). Der Motor brachte 34 PS bei 4500 U/min. Die Vorderradaufhängung war die alte geblieben, sie wurde nur leicht abgeändert und etwas verstärkt. Hinten gab es eine Hinterachswelle, halbelliptische Federn und hydraulische Stoßdämpfer.

*Mitte der dreißiger Jahre wurde es klar, daß die Dreiradwagen zum Überleben der Morgan Motors nicht ausreichten. Um die Firma zu retten, wurde im Dezember 1935 der erste Vierradwagen vorgestellt. Hier ist ein 4–4 von 1936 abgebildet.*

*Oben das letzte Dreiradmodell, der Morgan F 4. Er hatte einen 1172 $cm^3$-Ford Ten-Motor. Aufhängung und Kraftübertragung waren die gleichen wie früher, aber die Längsträger des Fahrgestells bestanden aus Z-förmigen Stahl-Elementen, wie sie die Vierradwagen hatten. Der F 4 wurde bis in die fünfziger Jahre produziert.*

148
CEL 505

## Der Erfolg ließ auf sich warten

Zuerst waren die Leute noch etwas argwöhnisch, denn solch ein Fahrzeug hatte man nicht erwartet. Es trug zwar das Morgan-Emblem, aber es fuhr auf vier Rädern – und das war eins zuviel. Aber der Wagen wurde von der Presse gut aufgenommen, und H.F.S. (jetzt in Zusammenarbeit mit seinem Sohn) beteiligte sich an Rallies und Versuchsfahrten. Das Glück war ihm hold, und die öffentliche Meinung wandelte sich. Beim Ausbruch des Zweiten Weltkrieges hatte Morgan Motors 887 vierrädrige Fahrzeuge verkauft. Eine Entscheidung, die viel zur Steigerung der Verkaufszahlen beigetragen hatte, war 1939 die Einführung des obengesteuerten 1267 $cm^3$ Standard-Motors. Er brachte 39 PS bei 4800 U/min. und wurde für Morgan von der Standard Motor Company gebaut.

*An drei verschiedenen Arten von Wettbewerben nahmen die Morgans teil.*
*Oben rechts kämpft Peter Morgan beim Großen Bergrennen 1936 in Beardshaw's Bog mit schwierigem Gelände. Darunter ein Bild von der Torquay-Rallye 1936, und diesmal sitzt höchstwahrscheinlich H.F.S. am Steuer. Die Registrierplakette ist die gleiche wie auf dem Bild oben, vermutlich eine Firmenplakette, die auf vielen Wagen angebracht wurde.*
*Auf der gegenüberliegenden Seite eine Situation aus der Tourist Trophy 1938. Bei dem Wagen handelt es sich um einen firmeneigenen 4–4, der auch 1938 und 1939 in Le Mans teilnahm. Er hatte einen 1098 $cm^3$ Climax-Motor. Später wurde dieser Typ in begrenzter Stückzahl verkauft. Der junge Mann mit der karierten Mütze sieht sehr nachdenklich aus. Wahrscheinlich überlegt er sich, ob er nicht später Rennfahrer werden sollte.*

28
28
LANCIA
29
29
MORGAN
29
29

## Die Zeiten ändern sich bei Morgan

Um 1936 herum passierte so einiges bei der Morgan Company, das auf die eine oder andere Weise ihre Entwicklung beeinflußte. Und eines dieser Ereignisse hätte durchaus diese Werksgeschichte wesentlich kürzer machen können.

Im Oktober 1936 brach ein Feuer in der Fabrik aus. Glücklicherweise beschränkte es sich auf die Hauptwerkstatt. Wenn man die Fotos betrachtet (seit 1936 hat sich hier nichts geändert), kann man sich leicht vorstellen, was hätte geschehen können. Die Werkstatt wurde rasch erneuert, und es gab nur einige Verzögerungen in der Auslieferung. Das war alles.

Im November starb der Vater von H.F.S., George Morgan, der ihm immer wieder geholfen hatte. Man darf vermuten, daß dieser Tod ihn so sehr beschäftigte, daß er sein Leben zu ändern begann und sich nicht mehr mit der gleichen Intensität den täglichen Geschäften in der Fabrik widmete. Ein neuer geschäftsführender Direktor wurde ernannt, George Goodall, der durch seine Leistung das Morgan-Image weiter verbesserte.

*Dies ist wahrscheinlich der Prototyp des Morgan 4–4 Coupés beim Überqueren einer Furt während eines Rennens von 1938.*

417
CUY 831
418
HPF 134

## Der Zweite Weltkrieg

Auch dieser Krieg erwies sich als einträglich, vorausgesetzt, man erlebte ihn nicht gerade auf dem Schlachtfeld. Als er vorüber war, nahm die Morgan Company ihre Produktion wieder auf, und zwar mit dem Geld, das sie durch die Regierungsaufträge verdient hatte.

Aber die Wiederaufnahme der Produktion war diesmal nicht so leicht wie nach dem Ersten Weltkrieg. Der Grund dafür lag darin, daß einige Trakte der Fabrik an andere Gesellschaften vermietet worden waren, die man nun nicht sofort an die Luft setzen konnte. Diese Gesellschaften waren die Standard Motor Company und die Flight Refueling Ltd. Es gab sogar eine Zeit, in der man einen vollständigen Handley Page-Bomber in der Tischlerei finden konnte.

Ein weiteres Problem war die Rückkehr der Betriebsangehörigen. Sie dauerte sehr viel länger als erwartet. 1945 wurden jedenfalls nur wenige Wagen montiert. Unter denen, die nun aus dem Militärdienst entlassen wurden, war auch P.H.G. Morgan, der 1947 als Zeichner und Konstrukteur zur Firma kam.

Zur Sonnenseite des Kriegsgeschäftes gehörte auch, daß die Regierung ihren ganzen Maschinenpark in der Fabrik ließ. Außerdem lag das Werk in einem Teil Großbritanniens, der nicht viel abbekommen hatte von den schweren Bombenangriffen der ersten Kriegsjahre. Diese Maschinen jedenfalls hielten das Geschäft am Leben, und H.F.S. war so in der Lage, sie später zu einem günstigen Preis zu kaufen.

## Exportieren oder dichtmachen

Eine neue Bedrohung für viele englische Gesellschaften war die Forderung der Regierung nach einer wesentlichen Erhöhung des Exportgeschäftes. Wer dieser Forderung nicht nachkam, erhielt nur eine beschränkte Stahl-Zuteilung. Das bedeutete für kleine Firmen wie Morgan eine Situation, in der es um Leben oder Tod ging.

Man mußte also Vertreter im Ausland finden, und so wurden 1948 die ersten Niederlassungen in Frankreich und Amerika eingerichtet.

Zu Beginn der fünfziger Jahre befand sich Morgan mehr oder weniger in der Hand des amerikanischen Marktes – und, noch schlimmer, das Firmenimage schwand dahin. Die

*Ein Morgan 4–4 Viersitzer aus dem Jahre 1948. Dieses Modell glich in jeder Hinsicht den Modellen vor dem Kriege. Die Produktion wurde 1950 eingestellt.*

SMX 890

Wagen waren »hoffnungslos veraltet«, wenn man sie mit Autos wie dem Jaguar XK 120, dem Triumph TR 2 und dem MG A verglich, die alle zwischen 1953 und 1955 auf den Markt kamen. Aber die Geschichte entwickelte sich auf andere Weise besser.

1951 wurden die letzten Dreiradwagen hergestellt und bereits 1950 die letzten 4–4 Modelle. Ein neues Modell kam auf den Markt, der Plus 4 mit einem 2,088 Liter Standard-Vanguard-Motor. Später bekam dieses Auto die Motoren des Triumph TR 2, TR 3 und TR 4 – und 1954 hatten alle Morgans die schräge Kühler-Stirnwand, die rasch berühmt wurde und die noch heute gebaut wird. Der schnellste Plus 4 war der Super Sports, der zwischen 1961 und 1968 produziert wurde.

Der 4/4 (jetzt 4–4) wurde 1955 neu aufgelegt, und zwar mit der 1,172 Liter Anglia-Maschine, später mit Motoren der Ford Classic und Cortina.

*Die Rennen gingen nach dem Kriege weiter. Diese Aufnahme stammt vom September 1952 und wurde auf der London Rallye gemacht. Der Wagen ist ein leicht modifizierter 4–4 aus der Produktion 1946/47. Es scheint ein wenig kalt zu sein, wie man sieht. Einer von der Mannschaft trägt über seinem Trench noch eine Jacke der RAF Bomber-Piloten.*
*Im Hintergrund stehen ein paar ganz normale typisch englische Wagen aus jener Zeit. Der HBT 32 ist ein Hillman Minx, und das Auto mit dem Dachgepäckträger ist ein Vauxhall 14 von 1938/39.*

149
FNP 684

RESTAURANT
ROCK
SAXON
COFFEE
BAR
CRITERION
SALOON
REDEX MOTOR RALLY
69
ORGANISED BY THE M.C.C.
NXY 859
NIXIE

*Der Morgan Plus 4, etwa von 1952. Links eine verschwommene Aufnahme aus den frühen fünfziger Jahren. Unten ein Bild von der RAC-Rallye 1952.*

A

Wie gesagt, der amerikanische Markt war für die Morgan Company am wichtigsten. Als dieser Markt zu Beginn der siebziger Jahre zusammenbrach, kam Morgan ernsthaft in Schwierigkeiten. Peter Morgan fuhr sofort nach Amerika und schaffte es, den amerikanischen Enthusiasmus so zu beleben, daß sich die Firma erholen konnte. Dann kehrte Peter Morgan nach England zurück und widmete sich zwei Jahre lang intensiv dem Ziel, Morgans auch in andere Länder zu exportieren. Außerdem ordnete er eine Produktionsrate von einem Wagen pro Woche an, eine Entscheidung, die früher auch schon sein Vater getroffen hatte.

## Der Plus 4 Plus – Reinfall und Verkaufsschlager

Seit dem Kriege war man auf dem englischen Markt nicht sehr erfolgreich gewesen. 1964 unternahm Morgan etwas, das die Motorpresse ebenso wie das Publikum erstaunte: Er führte den Plus 4 Plus ein.

Und der war grundlegend verschieden von all den anderen Morgans. Mit einer glatten und hübschen Glasfiber-Karosserie, die sogar etwas an den Jaguar XK 120 erinnerte, überraschte er die Welt. Konnte sich Morgan so wandeln? Wirklich, Morgan konnte es! Nach 26 Jahren und zwei Karosserieformen wurde die bisherige Produktion eingestellt. Aber das allgemeine Interesse an den traditionellen Morgans war inzwischen gewaltig geworden. Und als die Morgans 1962 in Le Mans Sieger ihrer Klasse wurden, ging dem Publikum auf, daß da etwas Besonderes in Malvern Link entstand.

*Wie schon gesagt, waren Rennen sehr wichtig für die Leute aus der Pickersleigh Road. Aber nicht nur die Rennen machten Schlagzeilen. Hier noch einige interessante Aufnahmen.*

*A. Der berühmte Plus 4 Plus von 1965. Von ihm wurden ganze 26 Exemplare hergestellt. Aber sie riefen ein unglaubliches Interesse hervor. Nicht nur für sich, sondern für die traditionell gebauten Morgans überhaupt. Der Plus 4 Plus steigerte den Morgan-Mythos gewaltig. Die Karosserie stammt von British Resin Products Ltd, das Fahrgestell war von Morgan.*
*B. Ein Plus 4 in der Sechs-Stunden-Staffel von Silverstone.*
*C. Ein Plus 4 auf einem Treffen in Silverstone.*
*D. Die Eastbourne-Rallye 1954. R.K.N. Clarkson am Steuer einer interessanten Sonderanfertigung. Hinter diesem von der Ferrari-Linie inspirierten Wagen steckt ein Plus 4.*
*E. Ein großer Augenblick für Morgan war der Klassensieg 1962 beim Rennen in Le Mans (siehe Seite 117), aber schon 1963 kamen Lynda Fawcett und White in der Gesamtwertung auf den 13. Platz. Leider wurden sie nicht Klassensieger.*
*F. Chris Lawrence fuhr weiter Rennen auf Morgans. Hier ist sein Plus 4, der aus einem speziell angefertigten Renn-Coupé von 1964 entwikkelt wurde.*

B

E

C

F

D

*Ein Morgan 4–4 von 1972*

## Ein Fiat-Motor

Ist das wirklich wahr, fragten sich die Morgan-Fans, als 1981 bekannt wurde, daß der 4/4 mit einer Fiat-Maschine ausgerüstet werden sollte? Tatsächlich! Das kam durch den deutschen Markt. Der war sehr wichtig, und die deutschen Emissionsvorschriften erlaubten den Einsatz des damaligen Ford-Motors nicht.

Der Fiat-Motor hatte eine obengesteuerte 1,585-Liter-Maschine, die früher in dem Fiat 124 Sport und in dem 131er war. Sie brachte bei 6000 U/min 97 PS. Es war eine gute Maschine. Aber sie war eben nicht britisch. Einem Gerücht zufolge hörte ein leitender Ford-Angestellter, daß der von ihm bestellte Morgan einen Fiat-Motor hatte, und sofort nahm er Verhandlung auf über die Lieferung des neuen Sierra-Motors. Ab 1981 konnte man zwischen Fiat und Ford wählen.

## Der Morgan Plus 8

Als sich der Vorstand 1966 entschloß, den Plus 8 zu bauen, war das ein wichtiger Schritt nach vorn. Aber auch ein sehr kostspieliger. Diesen Schritt unternahm man, nachdem die Belieferung mit den Triumph TR-Motoren eingestellt wurde und Morgan einen Ersatz brauchte. Nachdem Peter Wilks, ein Rover-Direktor, Malvern Link einen Besuch abgestattet hatte, entschied man sich für den Rover V8-Motor.

Vertraulich erkundigte sich Wilks, ob Morgan vielleicht an einer Übernahme durch Rover interessiert sei. Doch Peter Morgan lehnte ab. Hätte er das nicht getan, könnte man vermutlich heute Morgans mit einer Honda-Maschine sehen. Oder, noch schlimmer, es gäbe überhaupt keine Morgans mehr.

Der Plus 8 wurde sofort eine Sensation und hatte ein überwältigendes Presse-Echo. Wieder einmal hatte Morgan bewiesen, daß die Uhren in der Pickersleigh Road nicht nachgingen.

Der Plus 8 wurde übrigens auch in Amerika gut aufgenommen, aber als Rover sich in den frühen siebziger Jahren aus dem amerikanischen Markt zurückzog, mußte auch Morgan gehen. Trotzdem brachte es ein entschlossener Amerikaner namens Bill Fink fertig, das Unmögliche möglich zu machen – und 1976 kam Morgan auf den amerikanischen Markt zurück. Und das alles nur, weil man Treibgas anstatt Benzin verwendete. Ähnliche Probleme gab es in vielen Ländern, aber heute ist die Firma Morgan wieder auf den meisten Märkten vertreten. Und sie gedeiht weiterhin.

*Hier das wahrscheinlich wichtigste Morgan-Modell nach dem Zweiten Weltkrieg – der Plus 8. Dieser Wagen hat die 3,5 Liter Rover V8 Maschine. 1990 wurde das Modell mit Katalysator ausgerüstet, trotzdem hat es noch immer die Beschleunigungswerte der Klasse des Ferrari Testarossa.*

TIJ 43

## The Troubleshooter

Im Mai 1990 wurde die Morgan Company wieder einmal herausgefordert. Nicht von der Regierung oder durch Sicherheitsprobleme, sondern diesmal kam der Angriff von der ehrwürdigen British Broadcasting Corporation. In einer Serie von BBC 2 mit dem Titel »The Troubleshooter (Problemknacker)« wurden verschiedene Geschäftsleute aufgefordert, die Schwierigkeiten kleinerer Unternehmen zu analysieren und Lösungsvorschläge zu machen. Auch an die Morgan Company trat man heran. Und Charles Morgan, der einst selbst bei ITN als Medien-Mann gearbeitet hatte, sagte: »Natürlich waren wir froh, mitmachen zu können.«

Der Mann, den man für diese besondere Sendung auswählte, war Sir John Harvey Jones, ehemaliger Vorstandsvorsitzender von ICI. Er ließ sich von seinem Chauffeur in einem Volvo vorfahren und spazierte durch die Fabrik, wie wir es später in diesem Buch auch tun werden.

Sir John tönte: »Sie sollten die Produktion verdoppeln und die Preise heraufsetzen, damit sie neu investieren und ein völlig neues Werk bauen können – aber ihr Stolz scheint es zu sein, das roheste Rohmaterial zu kaufen und so hinterwäldlerisch wie möglich zu produzieren. Ich frage mich, weshalb sie nicht direkt mit den Bäumen anfangen.«
Die Leute bei Morgan waren verblüfft. Aber sie reagierten schnell. Als die Ergebnisse der Sendung später bekanntgegeben wurden, sagte jemand bei Morgan: »Wenn schon jemand einer Firma beibringen will, wie sie ihre Geschäfte machen soll, dann darf man doch wohl mindestens annehmen, daß er selbst fahren kann« (Daily Telegraph vom 3. Mai 1990). Und so wurde eine Pressemeldung herausgegeben.

Wenn diese Geschichte unter den Morgan-Fans bekannt wird, hoffe ich, daß sie auf die gleiche Weise reagieren wie bei der Einführung des Plus-Four-Plus. Die alte Morgan-Tradition wird dadurch gestärkt, und Sir John kann mit seinem Urteil sehen, wo er bleibt.

Am Tage nach der Sendung erhielt ein Händler in London allein zehn Bestellungen für Morgans. Das machte natürlich die Lieferzeit noch länger.

Vertreiben wir sie uns mit einem Spaziergang durch das Werk und sehen wir nun, wie dieser »altmodische« Wagen hergestellt wird.

*Rechts Morgans aufsehenerregende Pressemeldung aus dem Jahre 1990. Sie war eine Erwiderung auf den Angriff Sir John Harvey Jones im BBC-Programm »The Troubleshooter«. Zum ersten Mal verteidigte Morgan Motors öffentlich seine Philosophie und die Art, wie sie Autos baut.*

Die Morgan-Pressemeldung
Sendung »Troubleshooter« BBC 2, Mai 1990, 21 Uhr

Vielen von Ihnen wird bekannt sein, daß in dieser Sendung die Morgan Motor Company von Sir John Harvey Jones vorgestellt wurde. Es ging dabei um Überlegungen, auf welche Weise wir unsere Produktion erhöhen könnten, damit die Lieferzeiten kürzer werden. Sir John ist der Ansicht, daß sich die Produktion kurzfristig verdoppeln ließe, wenn wir die Verkaufspreise für unsere Wagen erhöhten und die Mehreinnahmen für Investitionen in ein größeres Werk verwendeten. Seine Methoden würden allerdings dazu führen, daß die traditionelle Morgan-Fabrikation auf vielen Gebieten umgestellt werden müßte.

Wir teilen ganz und gar nicht seine Meinung und sind der Ansicht, daß die Morgan-Politik einer schrittweisen und sehr umsichtigen Rationalisierung uns in die Lage versetzt, die Qualität und damit den einzigartigen Ruf unserer Autos zu erhalten und somit das Überleben der Firma für eine absehbare Zukunft zu sichern. Unsere Firma ist ohne jede Frage erfolgreich. Wir glauben auch, daß die Preise angemessen sind, da wir als unabhängige Gesellschaft keine Aktionäre haben, die auf eine rasche Vermehrung ihres Kapitals bedacht sind.

Neue Technologien werden ständig weiterentwickelt. Gerade jetzt versetzen sie uns eher in die Lage einer Verbesserung und Prüfung der Qualität, als das in der Großserien-Herstellung möglich ist. Zum Beispiel beweist eine Maschineninstallation in der Lackierei, die dem neuesten Stand der Technik entspricht, unser Bemühen um ständige Verbesserungen und damit um das Qualitätsniveau.

Das kommt unseren Wagen in jeder Hinsicht zugute. Zur Zeit wird ein 3,9 Liter-Plus 8 mit Dreiwege-Katalysator für die Zulassung technisch geprüft. Das bringt uns auf einen Emissions-Standard, der über den Normen für das übrige Europa liegt. Mit einer dank seiner PS-Zahl und dem Drehmoment rasanten Beschleunigung wird dieses Auto ein echter »grüner« Sportwagen sein.

Viele der Verbesserungen werden nicht nach außen sichtbar. Jedenfalls möchten wir an der handwerklichen Fertigkeit, die jedem Auto zuteil wird, nichts ändern. Beim Montieren und Justieren vieler Einzelteile sowie bei der Bearbeitung der hölzernen Hilfsrahmen lassen die Handwerker größte Sorgfalt walten und schaffen dadurch bei Morgan etwas, das auch durch die modernste Technologie nicht überboten werden kann. Denn die Wagen werden hier von Menschen gebaut, nicht von Maschinen. Jeder Wagen hat seine »Seele«, und jeder Kunde kann sich davon überzeugen, indem er zusieht, wie sein Auto entsteht. Wenn man das änderte, wäre es in unseren Augen ein bedauerlicher Rückschritt.

Deshalb wird Morgan den Prinzipien von H.F.S. und Peter Morgan treu bleiben – unsere Wagen sind schlichte leichte Sportwagen, sie haben dank ihrer Gewichtsverteilung eine ausgezeichnete Antriebskraft und vermitteln durch die Elastizität ihrer Motoren den Besitzern ein unvergleichliches Fahrgefühl. Das ist eine Linie, der jetzt sogar größere Hersteller zu folgen versuchen. Unser Werk wird jedenfalls seine Tradition handwerklichen Könnens und hoher Qualität beibehalten. Trotzdem bleiben die Direktion und die Belegschaft offen für technische Veränderungen, die der Verbesserung unserer Wagen dienen und die Produktion steigern. Wir haben Sir Johns Kritik zur Kenntnis genommen. Aber seine Schlußfolgerungen sind unter unserer Würde.

Mit freundlichen Grüßen

Morgan Motor Company Ltd.
Charles Morgan
Direktor

# Morgan heute

Jetzt wird es Zeit, daß wir mal die Fabrik betreten und uns umschauen, wie es heute dort aussieht. Das klingt vielleicht ein wenig anspruchsvoll, denn heute wird dort genau so produziert wie in der Vergangenheit. Was man in diesen Mauern sieht, hat seine Wurzeln im Anfang unseres Jahrhunderts, und die Produktionsmethoden haben sich im Laufe der Jahre nicht viel geändert. Unter all den klassischen Autofabriken in der ganzen Welt ist Morgan einzigartig. Nahezu nichts hat sich dort verändert, während im Gegensatz dazu die Mercedes-Benz AG in Deutschland zwar im Augenblick der älteste überlebende Autoproduzent ist, aber doch in ganz modernen Anlagen Fahrzeuge der höchsten technischen Qualität liefert. Und Rolls-Royce, ein anderes bedeutendes Unternehmen in der Autobranche, das ebenfalls in dieser Buchreihe erscheint, wurde 1904 gegründet und entwickelte sich dagegen zu einem Hersteller von Luxuswagen, die zum Teil mehr oder weniger von Hand gefertigt sind.

Was sich bei Morgan abspielt, ist lebende Geschichte. Das Einmalige ist nicht so sehr die Fachkenntnis, die man ja in vielen Spezialwerkstätten findet, sondern die Tatsache, daß neue Autos nach der gleichen Methode gebaut werden, wie man sie in den zwanziger Jahren benutzte. Dennis May hat mal in der Zeitschrift »Automobile Quarterly« die passende Bemerkung gemacht: »Morgan schreckt davor zurück, jeder neuen Moderichtung nachzulaufen.«

## Pickersleigh Road

Im Laufe der Jahre bin ich mehrmals in der Morgan-Fabrik gewesen, und immer hatte ich das Gefühl, sie würde zu einer Art Wallfahrtsort für mich. Aber der eindrucksvollste Besuch war 1986, als ich bei heftigem Sturm und Regen durch die Gegend fuhr. Die Scheibenwischer meines gemieteten Austin Montego hatten aufgegeben. Wenn man boshaft sein will, könnte man sagen, Lucas sei der Erfinder der Dunkelheit. Denn diese Fabrik aus Birmingham war vermutlich der Hersteller meiner Scheibenwischermotoren. Das ist natürlich nicht fair, aber so dachte man nicht nur in den Sechzigern über die Qualität britischer Produkte. Damals hätte nicht einmal der wildeste Fan britischer Wagen den Union Jack verteidigen können. Es war eine Zeit, in der Morgan eine lange Reihe englischer Autos verschwinden sah.

Jedenfalls, die Wischer streikten, und ich murmelte so etwas wie »Lernen die denn überhaupt nichts dazu!?« Da sah ich plötzlich durch die Wassermassen einen vertrauten Anblick: Zwei Männer rollten einen halbfertigen Morgan auf den Fabrikhof. Sofort vergaß ich alles, was ich über die britische Qualität gedacht hatte, und sagte mir: »Jetzt haben sie ein wirkliches Fließband…«

Ich war also doch bei Morgan gelandet.

*Was ist an einem Morgan so Besonderes? Ist es die Bauweise oder der Einsatzzweck? Jedenfalls bleiben sie oldfashioned, Sportwagen mit Charme und von hoher Qualität, handgefertigt von überzeugten Fachleuten, und das auf eine Weise, die sich meilenweit von der übrigen modernen Produktion unterscheidet. Jedenfalls ist das die Antwort, wenn man einen Morgan-Besitzer fragt, weshalb er einen Morgan fährt und weshalb er überhaupt das Werk besichtigen will.*

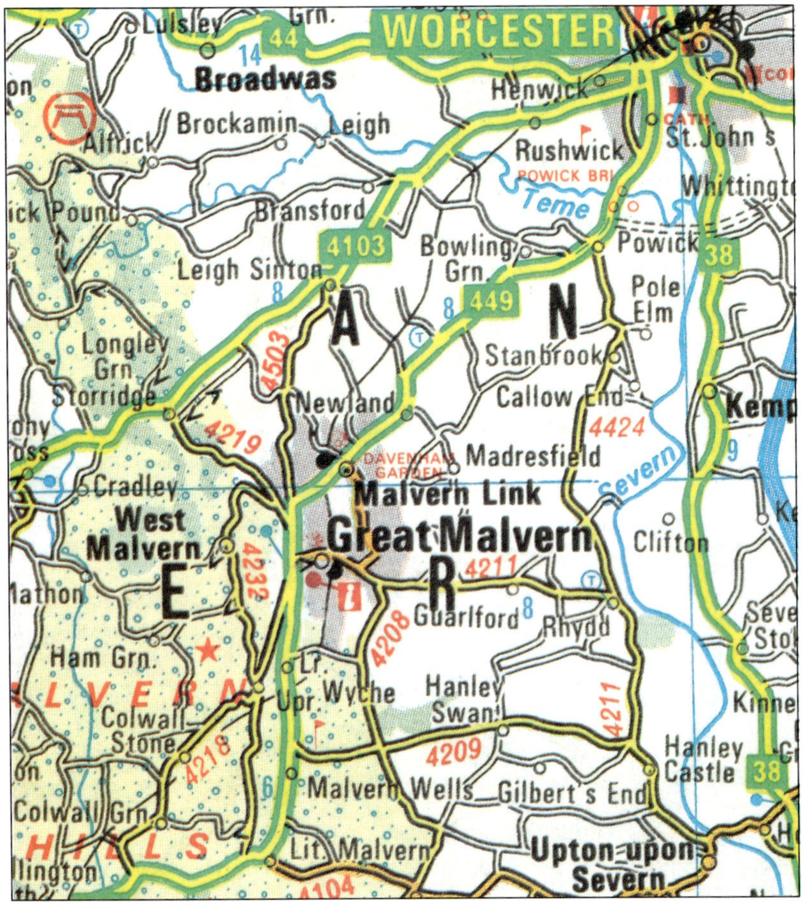


## Nicht ganz wie erwartet

Normalerweise würde man vermuten, daß ein Montageband an einem Ende der Fabrik beginnt und am anderen aufhört. Aber das ist nicht die Regel bei Morgan. Hier werden die Wagen nach einem sehr komplizierten Muster verschoben. Und das erfordert sorgfältigste Planung. Sonst wäre das Ergebnis ein unglaubliches Chaos. Aber beginnen wir von Anfang an, nämlich bei der Chassis-Montage (E). (Die Buchstaben in Klammern beziehen sich auf den Fabrikplan auf Seite 61).

Hier beginnt das Leben der Morgans. Das ist streng genommen nicht die Wahrheit, denn einige wichtige Teile, die von Zulieferern und aus dem Hause stammen, sind

*Links eine Straßenkarte mit dem Sitz der Morgan Motor Company. Sie liegt in Malvern Link in der Nähe von Great Malvern, ungefähr 11 Meilen südlich von Worcester. Von London nach Worcester sind es etwa 106 Meilen in west-nordwestlicher Richtung. Rechts einige Außenaufnahmen.*

TOILETS

Morgan
RECEPTION

MORGAN MOTOR COMPANY LTD.
ALL VISITORS MUST REPORT TO RECEPTION
MOCHTEN ALLE GASTE SICH BEIM EMPFANG ANMELDEN
VISITEURS ON VOUS PRIE DE VOUS RENDRE À LA RÉCEPTION

*Die Fabrikanlage der Morgan Motor Company*

*Foyer (A)*
*Empfang (B)*
*Kundendienst (C)*
*Auslieferung (D)*
*Chassis-Montage (E)*
*Lackiererei (F)*
*Blechschmiede (G)*
*Tischlerei (H)*
*Karosseriemontage (I)*
*Elektro-Werkstatt (J)*
*Schlosserei (K)*
*Polsterei (L)*
*Polier-Werkstatt (M)*
*Testabteilung (N)*

*Büro und Verwaltung (1–3)*

WALKERS

natürlich schon da. Als Wichtigstes das Fahrgestell, das von Parkfield & Thompson in Wolverhampton kommt. Alle zehn Tage trifft ein Lkw mit etwa 20 Fahrgestellen ein. Und als ebenso Wichtiges die Motoren, die von Rover und Ford in ausreichender Menge geliefert werden, so daß die Produktion nicht gefährdet ist. Und schließlich sind da noch Stapel von Felgen und Reifen. Auch sie kommen von außerhalb.

## Zahlen sind magisch

Die Roh-Fahrgestelle werden auf einem Transportkarren angeliefert, der H.M.S. Ark Royal heißt. Früher hieß er H.M.S. Hermes, aber nach dem erfolgreichen Einsatz des Flugzeugträgers Ark Royal im Falkland-Krieg wurde er umgetauft.

Auf dem Boden liegen Holzgestelle, und zwei Arbeiter legen die Fahrgestelle darauf. Daneben Federn, Ventilator-

*Tee-Pause in der Fahrgestell-Werkstatt. Dieses Foto wurde im Mai 1990 aufgenommen. Wenn man die Fahrgestelle zählt, merkt man, daß es zehn sind und nicht neun, wie sonst üblich. Aber das Fahrgestell rechts gehört nicht zur Montage-Einheit.*

wellen, Vorderachsschenkel mit Bremsscheiben, Stoßdämpfer, Pedale, Bremsleitungen und Kabel für die Handbremse.

Nun beginnt die Montage, die sich vier Mann im steten Wechsel teilen, damit Ermüdung und Streß durch Eintönigkeit vermieden wird. Es sind nie mehr als neun Fahrgestelle zugleich in Arbeit. Warum ausgerechnet neun, fragt man sich – weshalb nicht zehn, 15 oder gar 20? Denn die Nachfrage nach Morgan-Wagen ist geradezu unglaublich, in einigen Ländern stehen die Kunden seit über zehn Jahren auf der Warteliste. Und die Antwort, die man darauf bekommt, ist köstlich. »Neun ist genug – das ist eine hübsche Zahl, wir haben immer neun gemacht. Warum sollen wir uns dem Streß aussetzen, wenn wir zufrieden sind und dabei gut verdienen?« Das klingt allerdings sehr britisch.

Das »Underslung«-Fahrgestell – dies bedeutet, daß es unter der Hinterachse hängt – ist eine simple Konstruktion mit zwei Z-förmigen Längsträgern und mehreren Querträgern als Versteifung. Alle Teile sind schwarz lackiert, und für einen Aufpreis kann man das Fahrgestell rostgeschützt durch Terotex oder galvanisiert haben.

Die Vorderräder sind einzeln gefedert, mit zwei vertikal angebrachten Schraubenfedern auf gleitenden Achsbolzen und doppelt wirksamen Teleskopstoßdämpfern. Diese Bauweise erinnert an die des berühmten Lancia Lambda in den zwanziger Jahren. Sie ist aber keine Anleihe bei der italienischen Gesellschaft, sondern wurde bereits 1909 in den Mor-

*Eine Salisbury-Hinterachse mit der zum Einbau fertigen Federung. Diese Achse wird in alle Wagen eingebaut, nur das Übersetzungsverhältnis des Differentials ist verschieden. Beim Plus 4 ist es 3.73 :1, beim 4–4 beträgt es 4.1 :1 und bei diesem Exemplar, dem Plus 8, 3.31 :1.*

gan-Dreirädern verwendet. Und auch die Konstruktion des Fahrgestells ist keine Neuheit, denn sie stammt aus der Zeit Mitte der dreißiger Jahre. Hinten liegt eine Salisbury Starrachse mit Trommelbremsen, die an halbelliptischen Federn und hydraulischen Armstrong-Hebelstoßdämpfern hängt. Die technischen Einzelheiten der Achse, der Federn und der Stoßdämpfer variieren ein wenig, aber im Grunde sind sie für alle Modelle gleich.

*Einige Auspuffrohre. Im Werk ist stets ein gewisser Lagerbestand an Ersatzteilen der verschiedensten Art verfügbar. Jede Verzögerung bei der Zulieferung würde in den zum Teil sehr kleinen Montage-Abteilungen ein Chaos verursachen.*

## Die Morgan-Palette 1990

Bevor wir in weitere Einzelheiten gehen, sollten die heutigen Modelle vorgestellt werden. Das Top-Modell ist der Plus 8 mit einem V8-Aluminium-Motor, der 3,9 Liter Hubraum hat und 200 PS leistet. Als nächstes kommt der Plus 4 mit einem Rover 16-Ventiler, der bei 1,994 Litern 138 PS bringt. Zum Schluß der 4-4 mit der Vierzylinder Ford CVH-Maschine. Sie hat 1,597 Liter und kommt auf 98 PS. Alle Vierzylinder-Modelle werden als Zweisitzer oder als Viersitzer hergestellt.

Und nun zurück zur Produktion. Wie bereits erwähnt, wird die Fahrgestell-Montage größtenteils von Hand gemacht. Nur beim Einbau des Motors ist ein handbedientes Gestell erforderlich. Nachdem alle Teile installiert sind, einschließlich einer hölzernen Verschalung unter dem Kraftstoffbehälter, werden die Räder anmontiert. Dann wird das Fahrgestell zu Boden gelassen.

Es gibt vier verschiedene Rad-Typen. Der Plus 8 wird normalerweise mit Felgen aus Aluminiumguß geliefert und der Plus 4 mit emaillierten Speichenrädern. Auf Wunsch können verchromte Speichenräder oder auch Speichenräder aus rostfreiem Stahl geliefert werden.

Zum Schluß sind neun fertige Fahrgestelle mit Kardanwellen bereit für die lange Wanderung durch die Fabrik. In wenigen Minuten schaffen zwei Männer die Fahrgestelle mit Hilfe eines hydraulischen Wagenhebers beiseite. Eine Schlange bildet sich, zum Abtransport in die Karosserie-Abteilung. Nach einer Woche beginnt der ganze Prozeß mit den unbearbeiteten Fahrgestellen von vorn. Gewöhnlich erfolgt dieser Transport am Freitag. Aber als ich die Fabrik im Mai 1990 besuchte, passierte es am Donnerstag. Da sage doch einer, die Dinge ändern sich nicht. Auf jeden Fall ist es wichtig, daß diese Vorgänge genau nach Plan ablaufen, um irgendwo einen Stau zu vermeiden. Eine spezielle Trans-

*Schrauben, Bolzen, Muttern, Unterlegscheiben und Federringe. Davon braucht man eine ganze Menge, um einen Morgan zusammenzuhalten. Rechts Einzelteile der Bremsen. Der Fachmann weiß sicher sofort, um was es sich handelt. Der Laie kann nur staunen.*

HUB KIT
MORGAN.
STOCK-POINT

A

B

port-Mannschaft wird über Funk zusammengerufen, und sobald die Nachricht alle Leute erreicht hat, rollen die Fahrgestelle langsam weiter in Richtung Karosserie-Montage.

C

*Eine Collage von der Fahrgestell-Montage. A. Die Zweiliter-Vierzylinder-Maschine mit 16 Ventilen für den Plus 4 kommt ebenfalls von Rover. Sie leistet 138 PS bei 6000 U/min. B. Der kleinste Motor im Programm ist der von Ford für den 4–4. Er hat 1,597 Liter und leistet 95 PS bei 5750 U/min. C. Der »Große Bruder« in der Motoren-Familie ist der mächtige Rover V8. Vor kurzem wurde die PS-Zahl dieser 3,528-Liter-Maschine von 192 auf 200 erhöht. Von 0 auf 100 beschleunigt sie den Wagen in 5,8 Sekunden. Kaum zu glauben!*

D

F

E

G

*Hier einige Details des Fahrgestells. D. Eine Gruppe von Salisbury Hinterachsen (siehe auch Seite 64). Bremstrommeln und Naben kommen von Zulieferern und werden in der Werkstatt bearbeitet. E. Hinterfedern. Diese hier haben sieben Federblätter. Sie sind für den Plus 4 und den 4–4 bestimmt. Für den Plus 8 haben sie sechs Federblätter. F. Wie auf Seite 66 erwähnt, gibt es vier verschiedene Felgentypen. Diese Chromspeichenfelge kann als Extra bestellt werden. G. Die Fahrgestelle einer Wochen-Produktion sind fertig und warten darauf, in die Karosserie-Werkstatt abtransportiert zu werden.*

## Der Montage-Begleitschein

Vorher muß noch ein Wort über den Montage-Begleitschein gesagt werden. Das ist ein Formular, das alle Wagen vom

ersten Augenblick an begleitet. Auf ihm steht, um welches Modell es sich handelt, ob irgendwelche Extras bestellt wurden und wo der Wagen ausgeliefert wird.

Hier ein Beispiel des Montage-Begleitscheins:

| | |
|---|---|
| Werkvertretung: | Wendel Motor |
| Modell: | Plus-8 |
| Fahrgestell-Nr.: | R 9423 |
| Motor-Nr.: | 10 A 45812 |
| Hinterachs-Nr.: | A 85–274 |
| Farbe: | Grün |
| Polsterfarbe: | Schwarz |
| Tachometer: | km/h |
| Extras: | Linkssteuerung |
| | Gepäckträger |
| | Cuprisol |
| | Abschließbarer Tankdeckel |
| | Türgriffe |
| | Quarzuhr |
| | Karosserie und Kotflügel Aluminium |
| | Plaketten-Halterung |
| | Unterbodenschutz |

Diese Liste macht es möglich, alle Extras rechtzeitig zu ordern, und das ist besonders wichtig, falls man nicht über unbegrenzten Lagerraum verfügt. An der Wand hängt ein kleiner Zettel, der auf die Bedeutung der Disposition hinweist: »Wenn Sie wollen, daß alles auf Lager ist, was Sie brauchen, dann bestellen Sie rechtzeitig nach – herbeizaubern läßt sich nichts!«

## Bodybuilding – nach Morgan-Art

Die Karosserie-Abteilung ist in drei Teile gegliedert: Die Tischlerei (H), die Blechschmiede (G) und die Karosserie-Montage (I). Die ersten beiden Sektionen sind das Herz dieser ungewöhnlichen Abteilung und übrigens auch das ersehnte Endziel aller Morgan-Fans, die ihre Pilgerfahrt in die Pickersleigh-Road in Malvern Link machen. Die Szenerie hat etwas von lebender Geschichte an sich, weil sich hier Erfahrung und Können zu einer handwerklichen Leistung verbinden, die in der Autowelt von heute einzigartig ist.

Das Grundmaterial für den Hilfsrahmen ist abgelagerte Esche. Abgelagert heißt in diesem Fall, daß das Holz vor seiner Verwendung viele Jahre liegen muß. Die Lagerung macht es trocken, hart und widerstandsfähig. Die Esche eignet sich hervorragend für diesen Zweck, nicht nur, weil sie ein hartes Holz hat, sie läßt sich auch gut bearbeiten und, noch wichtiger, sie ist leicht.

Sobald das Holz genügend abgelagert ist, wird es in die Tischlerei (H) transportiert und dort auf die verschiedenen Größen für den Hilfsrahmen und die Tür-Innenverkleidung

zugeschnitten. Die Tischlerei stellt auch Bodenbretter und Armaturenbretter her.

Insgesamt gibt es davon 72 Teile im Zweisitzer und 116 im Viersitzer. Für einige Länder sind im Viersitzer Extraleisten für die hinteren Sicherungsgurte erforderlich. Nun ja, auch Morgan paßt sich an.

## Unerwünschte Erinnerungen an den Krieg

Nicht nur die Methoden der Produktion sind veraltet, auch der Maschinenpark ist es. Einige Maschinen sind über 60 Jahre alt. Doch sie funktionieren noch immer perfekt. Nicht der Zahn der Zeit ist für sie gefährlich, sondern das zu verarbeitende Holz. Vor einigen Jahren führte die Firma eine Partie Holz aus Belgien ein. Dieses Holz war in der Nähe eines Schlachtfeldes aus dem Ersten Weltkrieg gewachsen. Da fragt man sich, was hat der Krieg mit dem Holz zu tun? Also, ganz plötzlich fielen einige Maschinen aus. Grund unbekannt. Untersuchungen ergaben dann, daß dieses Holz voller Granatsplitter war. Wenn man sich vorstellt, daß man als Besitzer eines Morgan vielleicht solche grausamen Erinnerungen durch die Gegend fährt!

*Auf diesem Foto von der Tischlerei herrscht eine Rembrandt-Stimmung. Wer genau hinsieht, entdeckt, daß der Mann an der Bandsäge mehr als nur sein Bestes bei der Herstellung der verschiedenen Teile für die Hilfsrahmen gegeben hat.*

## Es riecht nicht mehr nach Fischleim

Die Arbeit in der Karosserie-Werkstatt ist heute die gleiche wie zu Beginn dieses Jahrhunderts. Nur ein paar kleine technische Änderungen hat es gegeben. Zum Beispiel arbeitete man lange mit Fischleim. Und das war eine ziemliche Zumutung, was den Geruch betrifft.

Heute hat man diese üble Flüssigkeit zugunsten eines synthetischen Kaltleims aufgegeben, der eine haltbarere Verbindung ergibt. Aber wenn man an die guten alten Zeiten denkt und nicht gerade in dieser Werkstatt arbeiten muß, dann könnte es sein, daß der Fischleim einen Geruch von Nostalgie annimmt.

Zu den kompliziertesten Arbeiten in der Karosserie-Werkstatt gehört die Herstellung der Radkästen. Sie bestehen aus laminierter Esche und werden in einer erhitzten Schablone mit hölzernen Klötzen und Schraubzwingen in ihre Form gebracht. Das erfordert viel Zeit und ständige Aufmerksamkeit, denn die Kästen müssen ja rechtzeitig fertig sein, damit keine Unterbrechung der Produktion entsteht.

## Der hölzerne Vogelkäfig

Wenn die Hilfsrahmen fertig sind, werden sie entweder an ein Fahrgestell verbracht oder in einer Ecke der Karosserie-Werkstatt abgestellt. Der Anblick von so vielen dieser Rahmen kann den Eindruck eines gigantischen surrealistischen Vogelkäfigs erwecken – eines Vogelkäfigs, den Kunsthandwerker gemacht haben.

Nachdem der Hilfsrahmen an das Fahrgestell montiert wurde, können die Türen eingesetzt werden. Und natürlich werden alle Türen einzeln genau justiert. Das Ergebnis sind lauter individuelle Morgans – und wenn ein Teil ersetzt werden muß, wiederholt sich der ganze Vorgang. Das gehört eben zum Morgan-Charme, und die Morgan-Süchtigen nehmen es als gegeben hin.

*Links: Die Tischlerei aus einem anderen Blickwinkel. In diesen Regalen findet man mehr, als sich die Phantasie erträumen läßt. Rechts: Ein Haufen fertiger Hilfsrahmen. Da diese Rahmen von verschiedenen Tischlern individuell gemacht werden, muß man auch die Türen beim Einsetzen einzeln justieren. Die fertigen Rahmen kommen anschließend für 24 Stunden in einen Tank mit Cuprisol.*

## Konservierung mit Cuprisol

Bevor der Hilfsrahmen am Fahrgestell angebracht wird, taucht man ihn mindestens drei Stunden lang in einen Behälter mit Cuprisol. Manchmal läßt man ihn sogar über Nacht darin. Das ist eine echte Neuerung. Sie ersetzt den schwarzen Lack. Noch vor kurzem konnte man eine Behandlung mit Cuprisol als Extra bestellen, aber die Qualitäts-Ansprüche der Kunden wuchsen, und so gehört diese Schutz-Behandlung seit fünf Jahren zur Standard-Fertigung.

Peter Morgan sagte mir, daß Qualität verkaufen hilft. Und je mehr Morgan-Autos auf den Straßen fahren, desto größer ist die Werbe-Wirkung. »Die Besitzer sind die besten Verkäufer«, meinte er.

*Bilder von der Karosserie-Werkstatt. Auf Seite 76 sind verschiedene Teile für die Türen abgebildet. Hier (unten) sind fertige Türrahmen mit den montierten Messing-Scharnieren. Auf der gegenüberliegenden Seite werden Karosserien für die Zwei- und Viersitzer montiert. Beim Zweisitzer sind es 72 Teile und beim Viersitzer 116.*

*Die Blechschmiede ist das Herz der Firma. Man kann natürlich anderer Meinung sein, aber hier sieht man förmlich einen Morgan aus den Blechen entstehen. Die Werkzeuge sind die gleichen wie zu Beginn dieses Jahrhunderts. Einige moderne Werkzeuge zur spanabhebenden Bearbeitung sind zwar da, aber sie werden selten benutzt. Das einzig Moderne hier sind die Aufforderungen an den Wänden, Ohrenschützer zu tragen. Aber das tun auch nur die wenigsten.*

## Stahl oder Aluminium

Die nächste Abteilung ist die Blechschmiede. Hier wird zugeschnitten, geformt, gehämmert und geschweißt. Die Hilfsrahmen und die Motorhauben werden mit so unglaublichem Geschick bearbeitet, daß man stundenlang zuschauen kann. Und man fragt sich, was wohl dabei herauskäme, wenn man selbst diese Arbeit machen müßte.

An der Wand steht bezeichnenderweise der Satz: »Wenn Sie glauben, wir tun das hier aus reiner Gutmütigkeit, dann denken Sie mal drüber nach!« Die letzten Worte »denken Sie mal drüber nach« sind durchgestrichen, und stattdessen steht da: »Allerdings, das tun wir!«

Die Geräusche dröhnen ganz schön in den Ohren. Aber die Hinweise, Ohrenschützer zu tragen, bleiben unbeachtet. Der Gebrauch von Ohrenschützern wird offenbar nicht akzeptiert, ebensowenig wie der von modernen Werkzeugen (obwohl ich ein paar neue Modelle von Metallfräsen entdeckte). Jeder scheint die alten Blechscheren vorzuziehen, denn sie verleihen einem bei schwierigen Schnitten offenbar das Gefühl größerer Genauigkeit.

Normalerweise werden die Karosserien aus Stahlblechen hergestellt, nur das Heck ist aus Aluminium. Auf Wunsch kann man als Extra die Karosserie mit den Kotflügeln aus Aluminium haben. Die Blechstärke beträgt vorn 0,899 mm

Stahl, Stirnwand und Türen haben 0,944 mm Stahlblech, Heck und Fond sind aus 0,809 mm dickem Aluminium, alle anderen Metallteile bestehen aus 0,989 mm dickem Stahlblech.

Die Kotflügel und die Motorhauben werden nicht von Morgan hergestellt, sie kommen von der Firma Eva Brothers aus Manchester. Der Grund dafür liegt auf der Hand. Denn für ihre Produktion benötigt man große Stahlwalzen, damit die Bleche richtig geformt werden können. Eva Brothers sind Spezialisten darin, sie fertigen auch Kotflügel für Last- und Lieferwagen. Diese Kotfügel mitsamt den Trittbrettern stellt man an einer Wand ab. Wenn sie da so stehen, haben sie die Größe eines nicht gerade kleinen Mannes, und das ist schon eindrucksvoll.

Die Kotflügel werden erst angebracht, wenn alle Karosserieteile mit dem Hilfsrahmen verschraubt und vernietet sind. Von ihrer schönen Form läßt man sich nicht täuschen, und so werden sie alle sorgsam von Hand angepaßt.

*Sechs Fotos von der Blechschmiede. Auf Seite 80 entstehen eine Stirnwand und eine Tür, auf Seite 81 werden andere Teile hergestellt. Wie bereits gesagt: Sie alle unterscheiden sich ein bißchen voneinander.*

# Kein Schrott bei den Motorhauben

Die Anfertigung der Motorhauben ist sehr schwierig. Sie erfordert großes handwerkliches Können im Umgang mit handgesteuerten Maschinen. Die Stahlbleche sind 2,13×1,12 m groß. Sie werden in zwei Hälften zerschnitten, dann biegt man jede in die richtige Form und preßt, schön nacheinander, mit einer alten Spindelpresse die Lüftungsschlitze hinein. Dabei gibt es keine genaue Vorgabe, nur ein paar Bleistiftstriche zeigen an, wo die Schlitze entstehen sollen. Wenn nur einer aus der Reihe tanzt, ist die Motorhaube Schrott. Aber man sagt, das käme sehr selten vor.

Wie alle anderen Teile wird auch die Motorhaube per Hand angepaßt. Sie ist daher unverwechselbar und kann nicht einfach ausgetauscht werden.

*Die Fertigung einer Kühlerhaube gehört zu den Arbeiten in der Blechschmiede, die nicht ganz unproblematisch sind. Besonders das Pressen der Kühlschlitze ist eine richtige Ein-Mann-Schau, bei der ein Gehilfe nur seine Muskeln zur Verfügung stellt. Der Erfolg der Arbeit hängt ganz davon ab, ob die Haube in der richtigen Position liegt. Dann folgt der Ruf: »Pressen!« Wenn die Haube fertig ist, muß auch sie sorgfältig angepaßt werden. Das ist ebenfalls nötig, wenn ein Kunde eine neue Kühlerhaube braucht.*

MORGAN PULL88
SCANNER APPEAL
COUNTRY SHOW
LIST 1999

## Die Lackiererei

Nun ist der Wagen fertig für die Lackiererei (F). Die Transportkolonne wird gerufen, und sie schafft ihn durch eine Tür direkt in die Lackiererei.

Wenn man die Lackiererei betritt, entdeckt man endlich etwas vom »Neuen Zeitalter«: zwei moderne Spritzkabinen stehen auf jeder Seite der Werkstatt. Aber das ist auch alles, denn sonst hat der Besucher den Eindruck eines nur halb bewältigten Chaos.

Überall stehen die Wagen, in den verschiedensten Stadien der Fertigung. Durchschnittlich verbleibt ein Auto über zwei Wochen in der Lackiererei. Deshalb kann man bis zu 40 Fahrzeuge zur gleichen Zeit dort finden. Die Räder sind abmontiert. An ihrer Stelle befinden sich nun Behelfsräder, nur für den Lackiervorgang. Da diese immer wieder überlackiert werden, sind ihre Speichen inzwischen mindestens doppelt so dick wie die normalen Speichen. Alle Teile, die nicht lackiert werden sollen, wickelt man in buntes Packpapier, wie man es sicher in keinem Laden der Welt findet. Als das Manuskript dieses Buches abgeschlossen war, hatte das Papier einen hellen Orange-Ton.

*Bevor die Wagen in die Lackiererei kommen, müssen die Originalräder abgenommen werden. Statt dessen erhalten sie sogenannte Lackräder, deren Speichen natürlich im Laufe der Jahre durch die vielen Lackschichten immer dicker werden. Sehen sie nicht hübsch aus?*

## Glatt wie ein Baby-Popo

Der Lackierprozeß beginnt damit, daß man die rohen Metallflächen mit einer schwachen Säure behandelt, die gerade stark genug ist, um alle Schmutz- und Fettreste zu beseitigen. Dann werden alle Schweiß-Verbindungen ausgespachtelt und glattgefeilt. Das geht heute wegen der modernen Schweißtechnik sehr viel leichter.

Dann trägt man eine sehr dünne Lackschicht auf. Sie zeigt gnadcnlos alle Kratzer und Dellen. Die Unregelmäßigkeiten werden ausgebessert, die Farbe wird glattgeschliffen und der Grundlack aufgetragen. Das wiederholt sich so oft und an allen Teilen, bis die Oberfläche des Wagens so glatt ist wie ein Baby-Popo. Insgesamt werden drei oder vier Schichten aufgetragen und feingeschliffen. Das ist eine Arbeit, die man im Kreuz spürt. Aber sie muß sein, denn kein Klassewagen kann sich eine schlechte Grundierung leisten.

Ist die Oberfläche geprüft und in Ordnung, wird der Wagen in den Spritzofen gerollt, wo die ersten Schichten aufgesprüht werden. Manche Wagen werden auch zur

*Für das Lackieren braucht man Geduld. Wenn das Ausspachteln und Abschmirgeln nicht erstklassig gemacht wird, sieht man jede Unebenheit auf dem Lack. Da die Deckschicht sehr dünn ist, muß die Karosserie geschmirgelt werden, bis sie glatt ist wie ein Baby-Popo.*

Masks
must be worn
in this area
ICI

Nachbehandlung zurückgeschickt, denn die äußere Lackschicht enthüllt alle Fehler. Wenn jeder Quadratzentimeter wirklich ok ist, wird nachgeschliffen, und der Vorgang wiederholt sich. Normalerweise erhält jeder Wagen vier oder fünf Schichten, aber das hängt von der Konsistenz der jeweiligen Farbe ab. Manchmal sind es auch mehr.

## Jede Farbe, die Sie wünschen

Die normalen Lackfarben sind Schwarz, Connaught-Grün, Creme, Indigo-Blau, Elfenbein, Rot und Royal Elfenbein. Aber auch jede andere Farbe kann bestellt werden, selbst Zweifarbenlackierung. Die ist jedoch nicht sehr beliebt, weil sie eine beträchtliche Mehrarbeit erfordert. Eine Sonderfarbe kostet 60 Pfund extra, Metallic-Lackierung 230 Pfund und Zweifarbenlackierung 310 Pfund. Zuletzt erhalten die Wagen eine schwarze Innenverkleidung. Diese wird aufgebürstet. Damit erspart man sich eine Schutz-Auskleidung mit Kreppband.

*Dies ist auch ein kleines Kunst-Stück. Frisch lackierte Hauben für die großen Spielzeug-Autos. Farben zum Aussuchen. Jeder Sonderwunsch kostet nur 185 Pfund.*

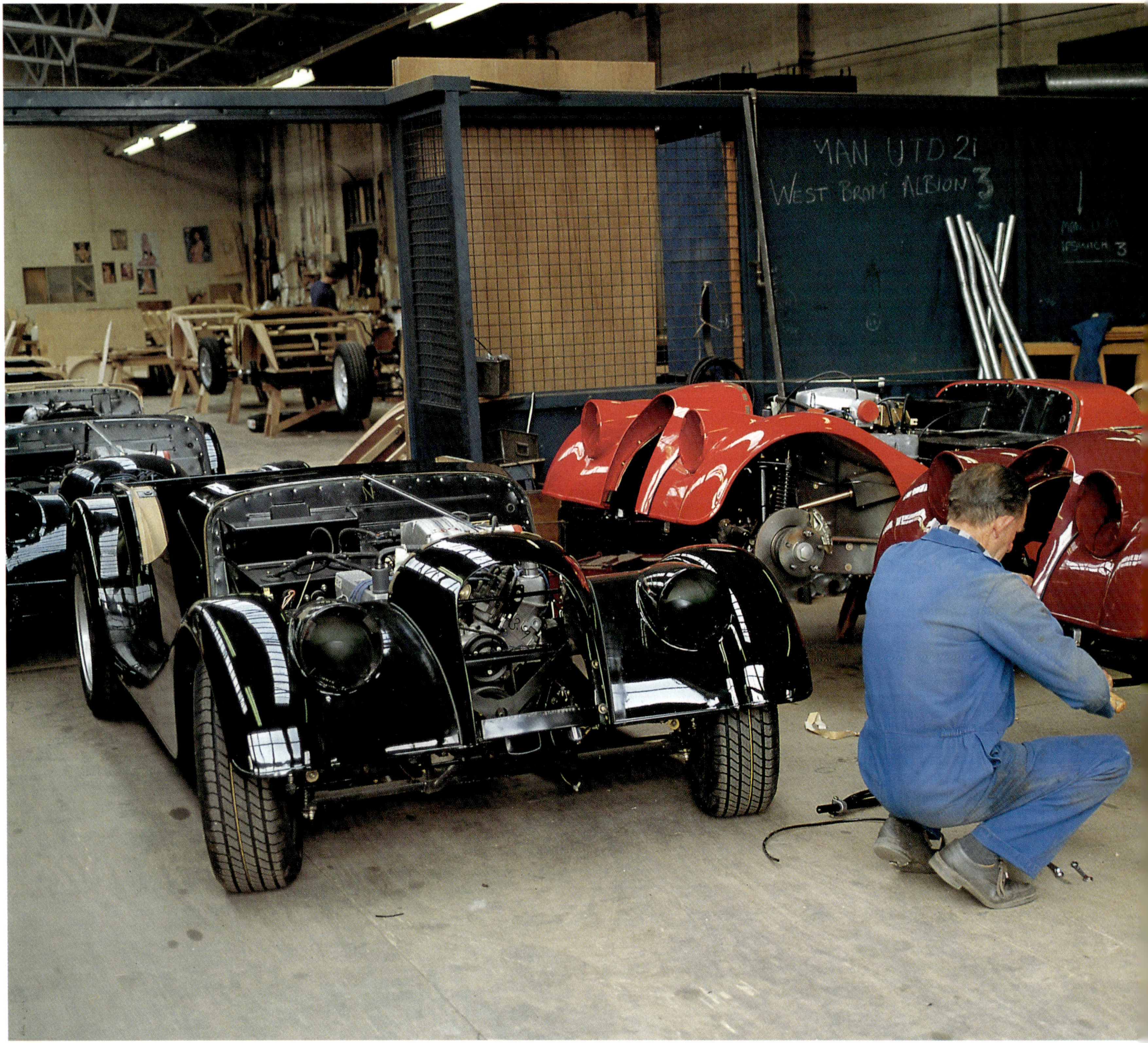
MAN UTD 21
WEST BROM ALBION 3

## Die Elektrik

Der lackierte Wagen wird dann in die Elektro-Werkstatt (J) gefahren, einen engen Raum, der direkt neben der Karosserie-Werkstatt liegt. Vor einigen Jahren war sie noch kleiner und lag neben der Fahrgestell-Montage.

Hier wird die elektrische Anlage eingebaut. Viele ihrer Teile stammen nach wie vor von Lucas, aber die Scheinwerfer liefert Marelli, und die Anzeige-Instrumente kommen von VDO.

Löcher werden gebohrt, Gummitüllen werden angebracht, und das Kabelnetz breitet sich überall dort aus, wo Strom gebraucht wird. Natürlich verlegt man auch Extra-Leitungen, wenn z.B. ein Radio oder eine elektrische Uhr bestellt wurde. Nach der Verkabelung werden die Lampen eingesetzt und dann die Batterie.

In dieser Werkstatt werden übrigens auch andere Arbeiten erledigt. Die Auspuffanlage, mit oder ohne Katalysator, wird hier ebenso montiert wie die Stoßdämpfer. Zum Schluß wird das Morgan-Emblem auf der Kühlerhaube angebracht.

*Die Elektro-Werkstatt.*

## Ein Geruch von Leder liegt in der Luft

Nachdem die Elektrik installiert ist, wird der Wagen wieder nach draußen gebracht und diesmal über den Hof geschoben zu einem Gebäude, das der Elektro-Werkstatt gegenüber liegt. Hier, am Ende der Montage, befinden sich die Polsterei (L), die Polier-Werkstatt (M) sowie die Test-Abteilung (N).

Die Polsterei ist ein angenehm ruhiger Ort, verglichen mit einigen der anderen Werkstätten, in denen es ziemlich geräuschvoll zugeht. Man verlegt die Bodenteppiche, bespannt die Sitze und bringt Verkleidungen oder Verzierungen an. Als Material wird das Leder der berühmten Brüder Conolly genommen. Wenn man sich schon mal einen Scherz über Joseph Lucas erlauben darf, so wäre das bei Conolly absolut unangebracht. Leder von diesem Hersteller wird in der ganzen Welt von qualitätsbewußten Automobilherstellern verarbeitet.

*Das Zuschneiden von Leder ist auch eine jener Künste, die ihren Ursprung in der Tradition des alten Karossenbaus haben. Es ist schon etwas Besonderes um den Geruch von Leder. Und auch darum, wie es sich anfühlt. Wenn man Menschen beobachtet, die mit der Hand über Leder hinwegstreichen, sieht man oft einen eigenartigen Ausdruck in ihren Augen. Übrigens, Leder altert auch mit Würde, es wird mit den Jahren immer schöner.*

Und wenn der Montage-Begleitschein schon bis hierher eine wichtige Rolle für die rechtzeitige Beschaffung des Materials spielte, so ist er für diese Werkstatt noch viel dringender zur genauen Planung erforderlich. Denn Conollys Leder ist ungewöhnlich teuer, und die Firma kann es sich nicht leisten, alle lieferbaren Farben auf Lager zu nehmen, aber Schwarz und Braun sind jederzeit vorhanden.

## Die winselnden Singer-Nähmaschinen

Die Arbeit am Fahrgastraum beginnt mit den Rahmen- und Stützteilen, die vorher in der Tischlerei auf die passende Größe gebracht werden. Dann verkleidet man sie mit PVC oder Leder (90%) und nietet sie an den dafür bestimmten Stellen an. Die Nietköpfe werden mit einem Klebeband abgedeckt.

Das geht noch verhältnismäßig einfach. Schwieriger sind schon die Ledersitze. Wenn das Material zugeschnitten ist, sind die Damen an der Reihe. Im gesamten Montagebereich gibt es übrigens nur wenige Frauen. Aber hier findet man sie. Und wenn es sich schon allgemein nicht sagen läßt, ob sie besser oder schlechter arbeiten als Männer, so gibt es doch wenigstens eine Ausnahme beim Nähen. Eine lange Geschichte der Entwicklung hat dafür gesorgt, daß sie diese Arbeit einfach besser können. Und vielleicht sind die Männer ja besser beim Zuschneiden.

(Hierbei muß ich an einen Besuch bei Ferrari denken, wo man mich mit dem Meister bekannt machte, der eine glänzende Anstellung in einer bekannten Mailänder Modefirma aufgegeben hatte, nur um bei Ferrari arbeiten zu können. Den Frauen aber, die wirklich die Arbeit machten, hat man mich nicht vorgestellt!)

Wie dem auch sei, bei Morgan machen sie ihren Job phantastisch gut, und es ist eine helle Freude, das zu bewundern, was dabei herauskommt. Und dabei stellt man sich dann vor, welch himmlisches Vergnügen es sein muß, in einem dieser Sitze sich zurückzulehnen, die Zündung einzuschalten, den ersten Gang einzulegen und abzubrausen in die Hügel oberhalb von Malvern…

*Der Meister ist oft der König in der Polsterei. Darüber darf man aber die Frauen nicht vergessen, die alle Teile zusammennähen. Ohne ihr besonderes Geschick gäbe es weder Sitze noch Abdeckungen. Alles Leder bei Morgan stammt von Conolly Brothers in Wimbledon. Rechts eine Innenaufnahme der Polsterei.*

## Der Enthusiast aus dem Fernen Osten

Bei einem meiner Besuche in der Fabrik sah ich ihn: Den Mann aus Japan. Er trug einen makellosen dunklen Anzug, hatte eine Hasselblad auf einem Stativ vor sich und machte unentwegt Fotos.

Fasziniert dachte ich, diese Japaner wollen auch alles ganz genau wissen.

Plötzlich stand er vor mir und machte Bilder von der Polsterei. Es stellte sich heraus, daß er Takao Kanemitsu hieß, aus Tokio stammte und ein Mitglied des japanischen Morgan-Sportclubs war. Er hatte eben seine »Wallfahrt« gemacht. Wir unterhielten uns eine Weile über Morgan. Und darüber, daß er ausgerechnet eine schwedische Kamera benutzte und ich, der ich in Göteborg lebe, mit einer japanischen Nikon fotografiere. Als wir uns verabschiedeten, versprach ich ihm ein Exemplar dieses Buches. Und meine Widmung schreibe ich hier hinein: Viele Grüße, Mister Kanemitsu!

*Hier ist das Endstadium fast erreicht und der Fahrgastraum fertig. Vom Bodenbelag über die Armaturenbretter bis zu den Windschutzscheiben ist alles da. Auch die Kühlerhauben sitzen bereits. Noch ein paar Tage, und die Wagen werden zum ersten Mal getestet.*

## Längst vergangen – das Armaturenbrett aus Mahagoni

Nach dem japanischen Intermezzo wird es nun Zeit für die letzten Feinheiten. Die Wanderung durch das Werk geht ihrem Ende zu. Es gibt sicher noch viel zu sehen, aber an dieser Stelle hat man das Gefühl, das Wichtigste zu kennen. Und dabei kommt es leicht zu einer Unterschätzung dessen, was noch zu tun ist. Zum Beispiel muß die Windschutzscheibe eingesetzt werden, die Schienen für die Sitzrollen sind noch nicht angeschraubt, und die Bodenbeläge sind zu verlegen. Wenn all das getan ist, steht das Einpassen der Motorhaube auf dem Programm. Die Haube wird maschinell gepreßt, aber die Verzierungen werden von Hand angebracht. Eins der letzten Einbauteile ist das Armaturenbrett. Leider stellt man es nicht mehr aus massivem Mahagoni her. Statt dessen muß sich der Käufer an ein ziemlich enttäuschendes gepolstertes Armaturenbrett mit sehr modern aussehenden Schaltern gewöhnen. Was waren das für Tage, als man noch den Anblick des herrlich polierten Mahagoniholzes beim Fahren vor Augen hatte! Das Verrückte ist nur, daß sich unter der Polsterung beim Morgan noch immer ein hölzernes Brett befindet. Für einige Länder gibt es sogar ein dünnes Edelholz-Furnier.

## Das große Finale – ein Lenkrad

Nach drei Monaten Arbeit kann der Wagen endlich ausgeliefert werden. Nicht an den Kunden, nein, an den Testfahrer. Nun kommt eine symbolische Handlung: das eigentliche Lenkrad wird eingesetzt (das bisherige war sozusagen eine »Arbeitslenkung«), dann folgen Kühlwasser, Öl und eine Volltankung. Der Motor wird angelassen, die Zündung eingestellt, und nun kommt endlich eine Versuchs-Runde. Danach sind weitere Justierungen nötig. Bevor das Auto an die Versand-Abteilung geht, wird es rund 30 Kilometer getestet. Als Ergänzung zum Straßentest gibt es einen Rollenprüfstand, auf dem die Bremsen und die Kraftübertragung und auch die Schadstoff-Emission gecheckt werden.

Manchmal passiert es schon, daß ein Wagen bei dieser Prüfung durchfällt und zurückgeschickt wird zum Nachbessern. Die Mehrzahl aber besteht und wartet dann im Fabrikhof, nach dem Testen und der Versiegelung, auf die große Reise.

*Auf den meisten Märkten sind Armaturenbretter aus Edelholz nicht mehr gefragt, und so muß man sich bei einem Morgan jetzt an diese häßlichen gepolsterten Instrumentenbretter gewöhnen. Aber unter der Bespannung befindet sich ein hölzernes Brett. Allerdings nicht aus Walnußholz. Wer den Verlust nachempfinden will, der betrachte das Bild auf der gegenüberliegenden Seite.*

## Eulenaugen sind wachsam

In der Versand-Abteilung (D) werden die Wagen bis zur Auslieferung an den Kunden geparkt. Manchmal erscheint auch ein glücklicher Käufer, um seinen Liebling selbst abzuholen. In der Zwischenzeit bewachen zwei Kobolde in der Form von Eulen die Autos. Sie sollen Vögel abschrecken, die vielleicht glauben, sie dürften ihre »Visitenkarten« auf dem glänzenden Lack hinterlassen. An den Wänden findet man alle möglichen Dinge, die mit Morgan zu tun haben. Poster hängen dort, Fotos, Grußkarten aus aller Welt und eine große handgenähte Flagge. Sie zeigt als Motiv einen Morgan, der in einem Meer von Blumen ruht, und auf seinem Dach liegt ein Mann, der ihn umarmt. Der Text ist eigentlich überflüssig: »Mein Herz gehört dem Morgan!«

Eine aufregende Entdeckung war ein Ferrari, der versteckt irgendwo hinter den Morgans stand. »Der gehört dem Chef, aber er benutzt ihn nie«, sagte man. Das konnte man sehen, denn der 365 GT war von einer dicken Staubschicht bedeckt.

*Die wichtigsten Mitbewohner der Versand-Abteilung sind die beiden kleinen Eulen. Sie sollen Spatzen verjagen, damit sie nicht ihre »Grüße« auf dem neuen Lack hinterlassen. Der metallicblaue Wagen im Hintergrund gehört Peter Morgan. Es ist ein FERRARI!*

NO ENTRY

## Die Schlosserei

Wir sind jetzt dem Lauf der Wagen während ihrer dreimonatigen Herstellung gefolgt und kennen alle wichtigen Stationen auf diesem Wege. Aber es gibt noch andere sehenswerte Einrichtungen, und eine davon ist die Schlosserei (K).

Sie befindet sich in einem düsteren Raum, und die Ausrüstung ist völlig veraltet. Einige Werkzeuge sind gut über 50 Jahre alt, und die Esse scheint aus der Zeit der Jahrhundertwende zu stammen. Aber der Maschinenpark ist äußerst zuverlässig, und die meisten Arbeiter ziehen die alten Drehbänke einer neuen vor, die erst vor einigen Jahren angeschafft wurde.

Hier wird eine breite Palette von Gußteilen anderer Hersteller bearbeitet. Das sind zum Beispiel Bremstrommeln und -scheiben, Naben, Achsschenkel und -bolzen und Lagerbüchsen ebenso wie Teile der Radaufhängung und Federung, Rippen für den Kühlergrill, Kraftstoffbehälter und

*Die Lichtverhältnisse in der Maschinenwerkstatt sind nicht besonders gut. Weder für die Augen der Arbeiter noch für das Fotografieren ohne Blitz. Man mußte den Atem anhalten und hoffen, daß die Aufnahme nicht verwackelt. Diese Werkstatt soll schon in naher Zukunft modernisiert werden.*

A

B

Getriebegehäuse. Aber am sehenswertesten sind nicht etwa diese Teile aus der normalen Produktion, sondern die geradezu unglaublichen Stahl-Stühle. Sie sind genau so individuell wie alle Morgans und stehen überall einladend herum. Man kann in ihnen gemütlich seinen Nachmittagstee nehmen.

Die Schlosserei soll jetzt laut Charles Morgan umgebaut werden. Man kann nur hoffen und die Daumen drücken, daß es auf die typische Morgan-Art geschieht.

C

*Einige Bilder aus der Schlosserei. A. Leicht angerostete Bremstrommeln. Sie kommen auf die Drehbank. B. Bremstrommel auf der Drehbank. Hier bekommt sie den letzten Schliff. C. Radnabe, ebenfalls zur Feinbearbeitung vorbereitet.*

D

E

*D. In der Schlosserei entsteht auch die berühmte Vorderrad-Aufhängung. E. Es macht Spaß, die Arbeiten an der Drehbank zu beobachten, besonders wenn die Kühlflüssigkeit über das heiße Metall strömt.*

Ward
START
STOP
375
670
105
1155
T 1857

STOP
START
WHEELHEAD
START STOP START STOP
GRANIC

## Das Ersatzteillager

Vor etlichen Jahren konnte es passieren, daß ein alt gewordener Morgan verschrottet werden mußte, weil man einfach nicht die richtigen Ersatzteile fand. Doch inzwischen hat sich die Situation von Grund auf geändert. Niemand denkt mehr daran, einen Morgan etwa auf den Schrott zu werfen.

Daran ist die Nachfrage schuld. Je mehr Wagen verkauft werden, desto größer ist auch das Bedürfnis nach Ersatzteilen. Und darauf hat man sich eingestellt. Jedes Ersatzteil ist heute ausreichend verfügbar. Es gibt Kunden, die bestellen so viele Teile, daß man glauben könnte, sie wollen ein neues Auto damit bauen.

Aber nicht nur die Händler und Kunden brauchen Ersatzteile, sondern auch die Fabrik selbst benötigt alles Mögliche. Bis vor kurzem gab es nicht einmal eine Kennzeichnung der verschiedenen Teile. Das hat sich geändert. Jetzt sind wenigstens die Regale numeriert und farblich markiert. Doch eine Ersatzteil-Liste existiert sicher noch immer nicht.

Als ich fragte, welche Ersatzteile man denn überhaupt noch aus der Vergangenheit bestellen kann, sagte man mir, daß es ab 1950 nahezu alles gäbe. Der Lagerleiter zeigte mir eine alte Vorderrad-Aufhängung, die irgendjemand eingeschickt hatte. Sie unterschied sich nur wenig von der heutigen Konstruktion. Aber sie wurde aufgearbeitet, weil der Kunde es wünschte. Das nenne ich Kundendienst!

*Das Ersatzteillager ist einer der wichtigsten Plätze in der Fabrik. Natürlich ist seine Hauptaufgabe, die Händler und Kunden mit Ersatzteilen zu beliefern. Aber gleichzeitig stellt es auch alle für die Montage benötigten Teile rechtzeitig zur Verfügung, so daß es nirgendwo zu einem Engpaß in der Fabrik kommen kann.*

FRIARY SOYA OIL
TAKE A CRITICAL LOOK AT SHAKESPEARE
CHECK IT OUT
BATCH No.
CARTON No. -43
CONSIGNEE:- M.W.S. LONDON U.K.
CODE
CARTON No.
CONSIGNEE
ADVICE NOTE INSIDE
1 of 1

BUY
SERVICE 160
10 ELITE

## Die Kundendienst-Abteilung

Diese Abteilung (C) sieht eigentlich wie eine ganz normale englische Werkstatt aus. Sie liegt im Hintergrund des Firmengeländes. In ihr können wir sehen, was mit einem Morgan geschehen kann, wenn er nicht mit Liebe behandelt wird. Überall stehen Autos umher, mehr oder weniger gut erhalten. Auch neue Wagen sind dabei, Rallye-Fahrzeuge und andere, bei denen man glaubt, sie würden überhaupt nicht mehr in Ordnung gebracht werden können.

Unter einem Haufen abgefahrener Reifen fand ich ein Exemplar, das dort sicher schon seit Ewigkeiten lag. Es war zum Teil demontiert, und offenbar mußten nur ein paar neue Stoßdämpfer eingebaut werden. Vielleicht war der Besitzer plötzlich verstorben oder er hatte kein Geld mehr. Jedenfalls ist diese Abteilung weit entfernt von dem, was Sie bei Ihrem Ford- oder Volvohändler kennen. Keine Männer in weißen Overalls in Sicht. Na und?!

*Die Kundendienst-Abteilung sieht wie eine ganz gewöhnliche englische Werkstatt für Veteranenautos aus und nicht wie das, was wir bei unserer Ford-Vertretung gewohnt sind. Einige der Autos stehen hier bereits seit Jahren. Und sie werden wohl noch eine Weile bleiben.*

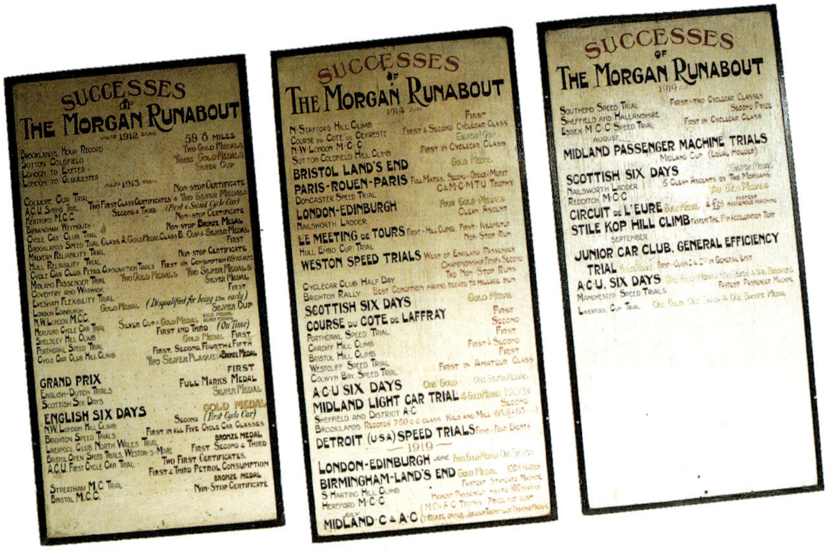

## Der Empfangsraum

Ihre erste Begegnung mit Morgan findet natürlich im Empfangsraum statt. Wenn Sie etwa glauben, eine Halle mit Marmorboden zu finden oder stahlglänzende Vitrinen, überall Scheinwerfer und dazu ein Portrait von Peter Morgan, das von den Wand herunterlächelt, dann muß ich Sie enttäuschen. Dies ist nur ein ganz gewöhnlicher Raum, den man von der Straße aus betritt. An den Wänden hängen ein paar Bilder, Tabellen mit Renn-Ergebnissen seit 1913 und ein Glas-Schrank, in dem verschiedene Morgan-Artikel aufbewahrt werden. Hier kann man eine Damen-Handtasche kaufen, einen Schal, einen Bierkrug, einen Taschenflasche, ein Taschenmesser, einen Anstecker und Aufkleber. Alle mit dem Morgan-Emblem. Außerdem gibt es dort Literatur über Morgan und Werbebroschüren. Davor liegt ein Gästebuch, in dem man Namen aus der ganzen Welt findet. Durchschnittlich erscheinen Tag für Tag zehn Besucher. Und sie sind alle willkommen. Morgan hofft, daß der Besucherstrom nicht abreißt.

*Den Empfangsraum sieht man zuerst, vorausgesetzt man kommt von der Pickersleigh Road herein. Er ist äußerst einfach mit seinen weiß panellierten Wänden. Hier findet man keinen Marmor, keine Bronze-Statuen oder andere Dekorationen, nur einige Bilder und eine alte Tafel, die an längst vergangene Siege erinnert. Sie war schon 1919 nicht ganz vollständig.*
*Auf dem Tisch das Gästebuch. Es spricht für sich selbst.*

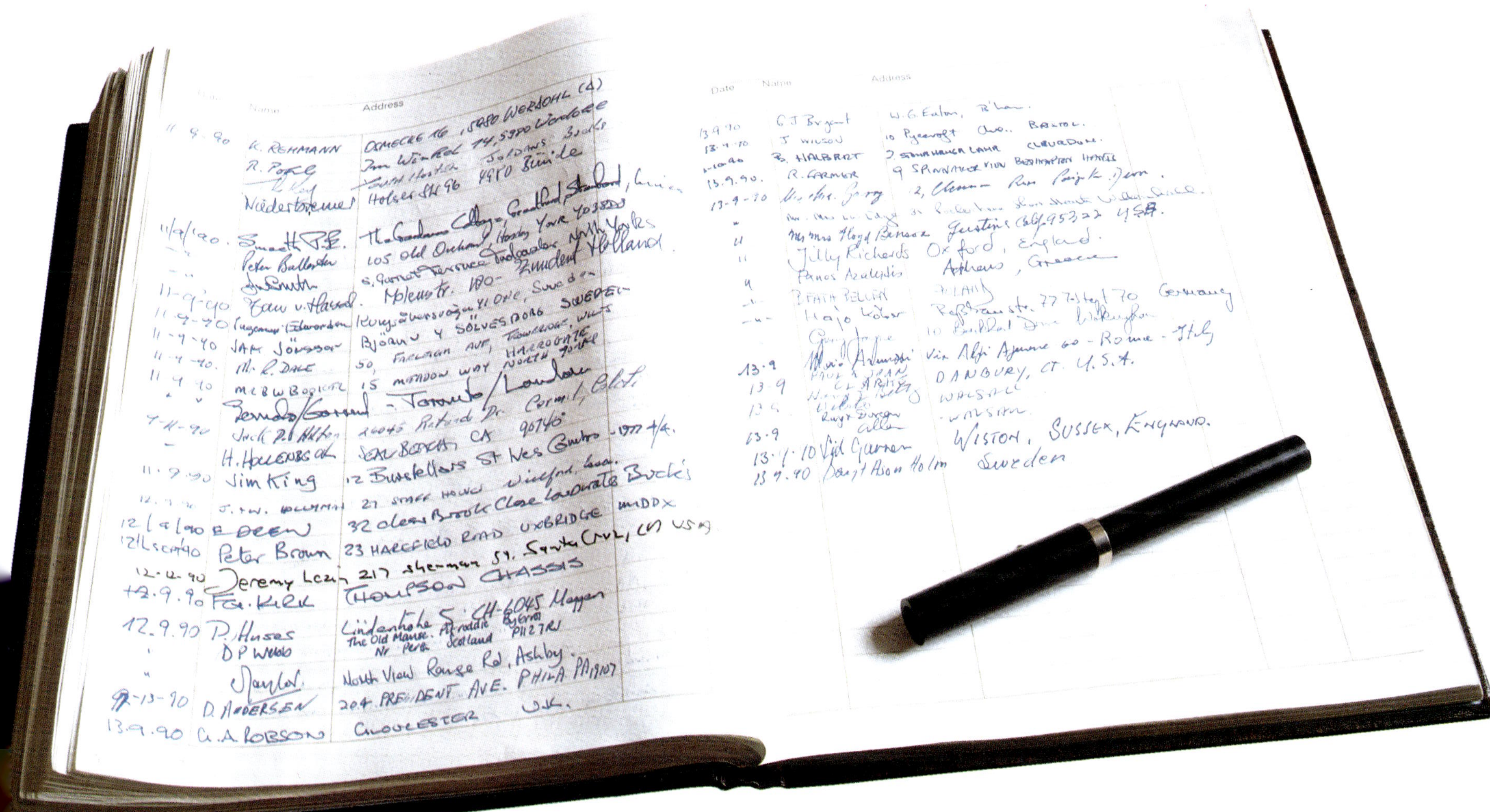
Date
Name
Address
Jim King
Peter Brown 23 HAREFIELD ROAD UXBRIDGE
Oxford, England.
Athens, Greece
DANBURY, CT. U.S.A.
WISTON, SUSSEX, ENGLAND.
Sweden

*Peter Morgan in seinem Büro. Die Wand ist voll von Fotos denkwürdiger Ereignisse. Das Bild in der Mitte zeigt den großen Augenblick, als Richard Shepherd-Barron 1962 Klassensieger in Le Mans wird. Er fuhr mit seinem Beifahrer 2256 Kilometer in 24 Stunden, und sie wurden Dreizehnte in der Gesamtwertung. Rechts von Peter Morgan eine Urkunde der schwedischen Morgan-Besitzer.*

1962 LE MANS
WINNER OF 2 LITRE G.T. CLASS
Esso
Oktoberfest
FROM THE STAFF
IN APPRECIATION
MOG
Morgan Owners Group
of Sweden.
This writ is to certify that
PETER H.G. MORGAN
has fulfilled the requirements of the application forms and hereby been elected member of this association.
Chairman
Secretary
27.8.1967
HENRI WINTERMANS

*Diese Fotos wurden 1972 aufgenommen. Wenn man sie mit den modernen vergleicht, ergibt das einen interessanten Einblick. Was hat sich überhaupt verändert? Oder ist tatsächlich alles beim alten geblieben?*

FRY 4
Morgan

FRY
472D